Fascicule XV

MÉMORIAL

DES

SCIENCES MATHÉMATIQUES

PUBLIÉ SOUS LE PATRONAGE DE

L'ACADÉMIE DES SCIENCES DE PARIS,

DES ACADÉMIES DE BELGRADE, BRUXELLES, BUCAREST, COIMBRE, CRACOVIE, KIEW,
MADRID, PRAGUE, ROME, STOCKHOLM (FONDATION MITTAG-LEFFLER), ETC.
DE LA SOCIÉTÉ MATHÉMATIQUE DE FRANCE, AVEC LA COLLABORATION DE NOMBREUX SAVANTS.

DIRECTEUR

Henri VILLAT

Correspondant de l'Académie des Sciences de Paris.
Professeur à l'Université de Strasbourg

FASCICULE XV.

La Logique des Mathématiques

PAR M. STANISLAS ZAREMBA

Professeur à l'Université de Cracovie

PARIS

GAUTHIER-VILLARS ET Cⁱᵉ, ÉDITEURS

LIBRAIRES DU BUREAU DES LONGITUDES, DE L'ÉCOLE POLYTECHNIQUE,

Quai des Grands-Augustins, 55.

1926

MÉMORIAL

DES

SCIENCES MATHÉMATIQUES

78078-26   PARIS. — IMPRIMERIE GAUTHIER-VILLARS ET Cⁱᵉ,
Quai des Grands-Augustins, 55.

MÉMORIAL

DES

SCIENCES MATHÉMATIQUES

PUBLIÉ SOUS LE PATRONAGE DE

L'ACADÉMIE DES SCIENCES DE PARIS

DES ACADÉMIES DE BELGRADE, BRUXELLES. BUCAREST, COÏMBRE, CRACOVIE, KIEW,
MADRID, PRAGUE, ROME, STOCKHOLM (FONDATION MITTAG-LEFFLER), ETC.,
DE LA SOCIÉTÉ MATHÉMATIQUE DE FRANCE, AVEC LA COLLABORATION DE NOMBREUX SAVANTS.

DIRECTEUR :

Henri VILLAT
Correspondant de l'Académie des Sciences de Paris,
Professeur à l'Université de Strasbourg.

FASCICULE XV.

La Logique des Mathématiques

PAR M. STANISLAS ZAREMBA
Professeur à l'Université de Cracovie

PARIS

GAUTHIER-VILLARS ET Cⁱᵉ, ÉDITEURS
LIBRAIRES DU BUREAU DES LONGITUDES, DE L'ÉCOLE POLYTECHNIQUE
Quai des Grands-Augustins, 55.

—

1926

AVERTISSEMENT

La Bibliographie est placée à la fin du fascicule, immédiatement avant la Table des Matières.

Les numéros en chiffres gras arabes, figurant entre parenthèses dans le courant du texte, renvoient à la Bibliographie qui se trouve à la fin du fascicule, immédiatement avant la Table des Matières.

Les renvois à des énoncés insérés dans le texte sont marqués en chiffres romains suivis de l'indication de la page où se trouve l'énoncé correspondant.

LA

LOGIQUE DES MATHÉMATIQUES

Par M. Stanislas ZAREMBA,
Professeur à l'Université de Cracovie.

INTRODUCTION.

Le problème fondamental de la logique, celui auquel se rattachent tous les autres problèmes qu'elle étudie, est le suivant :

Établir des règles permettant de reconnaître si un ensemble de considérations alléguées à l'appui d'une thèse constitue une démonstration satisfaisante de cette thèse.

D'après cela, la logique n'est autre chose que la science de la démonstration.

On distingue deux genres de démonstrations :

1° Les démonstrations *déductives* où, en partant de propositions supposées vraies, on démontre la proposition que l'on veut établir par les seules ressources de l'intelligence ;

2° Les démonstrations *inductives* où, pour établir la proposition que l'on veut démontrer, on fait appel à des expériences ou à des observations.

Les sciences mathématiques, étant toutes des sciences déductives, c'est-à-dire des sciences où l'on ne rencontre que des démonstrations déductives, la logique des mathématiques se confond avec la logique déductive ou théorie des démonstrations déductives. C'est donc de la logique déductive seule que nous aurons à nous occuper.

Les faits prouvent d'une façon indiscutable qu'il est possible d'effectuer des travaux de mathématiques de premier ordre en ne possédant que cette connaissance à demi-inconsciente de la logique que l'on acquiert peu à peu par la pratique prolongée des mathématiques.

Cette circonstance ne doit ni nous étonner, ni nous faire douter de l'utilité de la logique théorique : la logique ne prétend nullement nous guider sur la voie des découvertes, mais elle devient un auxiliaire précieux, je dirai même indispensable, dans les théories (dont le nombre croît rapidement) où, comme dans la théorie des ensembles, dans les diverses géométries ainsi que dans certaines théories de la physique, l'intuition directe est si décevante que, pour y avancer avec sûreté, il est indispensable de n'y considérer comme définitivement acquis que les résultats démontrés d'une façon parfaitement rigoureuse. Ajoutons que la logique théorique est appelée encore à rendre de précieux services dans l'œuvre de coordination et de simplification des théories mathématiques, œuvre que le développement considérable de ces théories rend de plus en plus nécessaire.

La logique mathématique (ou logique déductive sous la forme précise qu'elle doit avoir pour être réellement utile en mathématiques), en tant que science autonome, est une science tout à fait moderne dont l'origine ne remonte que vers le milieu du siècle dernier, car, comme on le verra au n° 27, la logique traditionnelle ne constitue nullement une théorie générale de la démonstration. A la vérité, Leibniz avait conçu et esquissé une logique mathématique mais ses idées, restées inédites jusqu'après 1900 [1], n'ont exercé aucune influence sur le développement de cette science et c'est le mathématicien anglais Boole [2] qui est généralement considéré comme le fondateur de la logique mathématique.

Il va sans dire que la logique mathématique est d'origine beaucoup trop récente pour avoir pu se constituer définitivement. Toutefois, elle a réussi déjà à établir solidement quelques résultats fondamentaux offrant un intérêt considérable au point de vue des sciences mathématiques.

Sans songer à écrire un traité de logique des mathématiques, ce que l'exiguïté de la place dont je dispose m'interdirait absolument, je m'efforcerai de présenter avec clarté et précision ce qui est acquis définitivement dans cette science, en évitant soigneusement de m'engager dans des spéculations d'ordre psychologique ou philosophique, étrangères en réalité à la logique, toujours discutables, souvent obscures, et que, trop fréquemment, on a l'habitude de développer dans des travaux consacrés à la logique. J'essaierai, en outre, de formuler les problèmes de logique qui attendent encore une solution et je donnerai des indications bibliographiques qui, sans être complètes. permettront cependant au lecteur de se renseigner sur l'évolution de la logique mathématique et sur son état actuel.

J'ajoute que, en m'inspirant de certaines idées de Poincaré, je fais voir au n° 9 que les « paradoxes » de la théorie des ensembles dérivent de la confusion de la notion d'ensemble avec une notion plus générale.

La table des matières renseignera suffisamment le lecteur sur le plan général de l'Ouvrage.

Je dois les remerciements les plus vifs à M. Jean Sleszynski, professeur honoraire à l'Université de Cracovie, pour les conseils et renseignements précieux qu'il a bien voulu me donner ainsi que pour les notes manuscrites qu'il a mises à ma disposition.

Mon collègue, M. Wilkosz, m'a donné quelques indications très utiles sur la bibliographie de la logique et je lui en exprime ici toute ma gratitude.

I. — STRUCTURE GÉNÉRALE D'UNE THÉORIE DÉDUCTIVE.

1. Prémisses et théorèmes. — Une théorie déductive n'est autre chose qu'une collection de propositions que l'on peut diviser en deux catégories de la façon suivante :

1° Les *prémisses* ou propositions affirmées sans démonstration *dans la théorie considérée* ;

2° Les *théorèmes* ou propositions appuyées de démonstrations déductives.

2. Les différents genres de prémisses. — Pour vérifier la correction de la démonstration d'un théorème dans une théorie déductive, on n'a jamais à se demander (comme on le verra plus tard) si quelque prémisse est une proposition vraie ou fausse. En revanche, il en est tout autrement quand il s'agit d'apprécier la portée et l'importance de la théorie. A ce point de vue, il y a grand intérêt à distinguer des autres prémisses d'une théorie déductive. celles qui sont des propositions vraies parce que l'on est *convenu* d'interpréter certains termes de façon qu'il en soit ainsi; ces prémisses s'appellent *prémisses conventionnelles* et les termes qui doivent être interprétés de la façon voulue pour qu'une prémisse conventionnelle devienne une proposition vraie, *termes sur lesquels porte la prémisse considérée*. Il convient de distinguer deux genres de prémisses conventionnelles, à savoir :

1° Les *définitions* ou propositions exprimant qu'un terme (qui peut être un mot ou n'importe quel autre symbole), non encore employé dans les prémisses qui précèdent celle que l'on énonce, a un sens identique à celui d'une expression soit intelligible par elle-même, soit telle en vertu des définitions énoncées antérieurement;

2° Les *postulats conventionnels* ou prémisses conventionnelles qui ne sont pas des définitions.

Voici pourquoi il ne faut pas confondre un postulat conventionnel avec une définition : le sens d'un terme dont on donne une véritable définition est déterminé sans ambiguïté lorsqu'il n'y en a pas dans les termes qui servent à le définir tandis qu'il peut arriver (et c'est même ce qui se produit habituellement) que les termes (T), sur lesquels portent des postulats conventionnels, admettent plus d'une seule interprétation vérifiant ces postulats conventionnels, même lorsque ceux-ci ne contiennent, en dehors des termes (T), que des termes ne donnant lieu à aucune ambiguïté.

Une prémisse conventionnelle ne peut évidemment jamais être une proposition fausse, mais il peut arriver (ce qui ne se présente dans la pratique que rarement) qu'un énoncé p, présenté comme celui d'une prémisse conventionnelle portant sur des termes (T), soit absurde faute de pouvoir interpréter ces termes de façon que l'énoncé p devienne celui d'une proposition vraie.

Les prémisses qui ne sont pas des prémisses conventionnelles s'appellent *hypothèses*, *postulats* ou *axiomes*, selon les préférences des auteurs et aussi selon le degré de certitude avec lequel on les croit exacts.

3. **Termes primitifs**. — Il est évidemment impossible de définir tous les termes employés dans une théorie; les termes non définis s'appellent *termes primitifs* de la théorie considérée.

4. Relativité des notions de prémisse et de théorème. —·Lorsqu'un système donné S de propositions est susceptible d'être coordonné de façon à constituer une théorie déductive, il arrive ordinairement que cette coordination peut être effectuée en divisant de différentes manières le système de propositions S en prémisses et théorèmes. Il peut donc arriver qu'une proposition déterminée p du système S soit une prémisse dans un mode de construction de la théorie et un théorème dans un autre.

La relativité des notions de prémisse et de théorème apparaît encore d'une autre façon : une partie T' d'une théorie déductive T peut être elle-même une théorie déductive et il se peut que quelque théorème de la théorie T soit une prémisse de la théorie T'.

II. — STRUCTURE D'UNE DÉMONSTRATION MATHÉMATIQUE.
NOTION DE DÉMONSTRATION COMPLÈTE.

5. Notion de chaînon logique. — Toute démonstration mathématique et, plus généralement, toute démonstration déductive, est une suite finie d'opérations purement intellectuelles dites *chaînons logiques*, dont chacune a pour résultat l'adjonction d'une proposition nouvelle, appelée *conclusion* du chaînon logique correspondant, à la liste des propositions reconnues vraies antérieurement, la conclusion du dernier chaînon logique se confondant avec le théorème lui-même qu'il s'agissait de démontrer.

I. *Question fondamentale.* — Quelle est la structure d'un chaînon logique correct?

L'idée que la logique déductive se confond avec la théorie du syllogisme est tellement ancrée dans les esprits que, en dehors des logiciens modernes, presque tout le monde s'imagine que toute démonstration déductive correcte, développée avec tous les détails, n'est autre chose qu'une suite de syllogismes. [3, vol. I, p. 188]. D'après cela, un chaînon logique correct se confondrait avec un syllogisme bien fait. Or, il suffit d'analyser avec soin un petit nombre de démonstrations mathématiques pour s'assurer que les chaînons logiques dont elles se composent n'affectent la forme de syllogismes qu'à titre exceptionnel.

En réalité, la question I (p. 5) comporte une réponse tout autre mais, pour la présenter avec la précision désirable, il est nécessaire d'introduire préalablement un certain nombre de notions.

6. **Nécessité d'une idéographie.** — La grande variété des formes du langage usuel ainsi que l'impossibilité d'exprimer, dans ce langage, certaines idées avec la concision nécessaire, le rendent impropre à présenter, sans le secours de symboles appropriés, une démonstration déductive de façon à mettre clairement en évidence *tous* les chaînons logiques dont elle se compose, et cela a amené les logiciens à introduire en logique mathématique un langage symbolique spécial, appelé *idéographie* ou *pasigraphie*, circonstance qui a fait donner le nom de *logistique* à la logique mathématique,

Diverses idéographies ont été proposées mais, heureusement, on peut dire que, aujourd'hui, l'idéographie de M. Peano [4, ainsi que 18, n° 3, p. 5-22], avec les perfectionnements introduits par MM. Whitehead et Russell [3], est à peu près universellement adoptée.

Dans la suite, nous serons obligés d'introduire les signes idéographiques les plus importants, mais nous ne négligerons rien pour rendre les formules idéographiques aussi faciles à déchiffrer que possible; en particulier, nous ferons usage de parenthèses comme s'en servent habituellement les mathématiciens au lieu de leur substituer, selon l'habitude des logiciens, des systèmes de points, procédé qui simplifie beaucoup l'écriture, mais rend les formules idéographiques beaucoup plus difficiles à déchiffrer.

7. **Propriétés fondamentales des propositions; opérations sur les propositions.** — Sans essayer de définir le terme de *proposition* et en l'introduisant par conséquent à titre de terme primitif, nous ferons remarquer, pour mieux en faire comprendre le sens, qu'*une proposition est toujours une expression d'un jugement.* Avec tous les logiciens, nous adopterons les deux principes suivants :

II. *Principe du milieu exclu.* — Une proposition n'est jamais ni vraie ni fausse.

III. *Principe de contradiction.* — Une proposition n'est jamais vraie et fausse à la fois.

Il va sans dire que les expressions « proposition vraie » et « proposition fausse » sont considérées comme claires par elles-mêmes.

IV. *Définition*. — La vérité ou la fausseté d'une proposition constitue ce que l'on appelle sa *valeur logique*.

Actuellement, nous allons faire connaître les opérations fondamentales qui servent à construire, au moyen de propositions données, des propositions nouvelles et nous définirons en même temps les signes idéographiques correspondants.

V. *Définition*. — Lorsqu'un symbole p désigne une proposition, le symbole

$$(1) \qquad \sim p,$$

appelé la *négative* ou la *négation* de p, représente la proposition suivante : « la proposition p est fausse »; d'après cela, l'expression (1) représente une proposition qui est fausse lorsque p est vraie, mais qui est vraie lorsque p est fausse.

Chacune des opérations qu'il nous reste à définir portant sur deux propositions, il sera utile de consigner les quatre cas qui peuvent se présenter quant aux valeurs logiques (IV, p. 7) que peuvent avoir à la fois deux propositions p et q dans le tableau suivant :

	1	2	3	4
p	+	—	—	+
q	+	—	—	—

(T)

où les signes + et — représentent respectivement les mots « vraie » et « fausse ».

VI. *Définition*. — Les symboles p et q désignant chacun une proposition, l'expression

$$(1) \qquad p \supset q,$$

représente la proposition suivante : « le quatrième des quatre cas consignés dans le tableau (T) n'est pas réalisé »; d'après cela, l'expression (1) représente une proposition qui est vraie dans chacun des trois premiers cas consignés dans le tableau (T), et qui n'est fausse que dans le quatrième; l'expression (1) s'appelle *implication*, la proposition p, *antécédent* ou *hypothèse* et la proposition q, *conséquent* ou *conclusion* de l'implication considérée; les façons usuelles de lire l'expression (1) sont les suivantes : « p implique ou entraîne q », « de p résulte q », « lorsque p est vraie, q l'est aussi ».

A cause de l'extrême importance de la notion d'implication, établie pour la première fois avec une parfaite précision par Frege [6, vol. I, § 12, p. 20], mais déjà familière aux stoïciens [7, vol. I, p. 454], il convient de faire au sujet de cette notion la remarque suivante : sachant que l'implication (1) et la proposition p sont vraies, on est assuré que la proposition q est vraie aussi; mais, lorsque la proposition p est fausse, la vérité de l'implication (1) ne nous apprend rien au sujet de la valeur logique (IV, p. 7) de la proposition q; c'est ce que les logiciens expriment brièvement en disant que le vrai n'entraîne que le vrai, mais le faux entraîne aussi bien le vrai que le faux.

VII. *Définition.* — Chacun des symboles p et q désignant une proposition, l'expression

$$(1) \qquad\qquad p \vee q,$$

appelée *alternative* ou *somme* logique des propositions p et q, représente la proposition suivante : « l'une au moins des propositions p et q est vraie »; d'après cela, l'alternative (1) est une proposition qui est vraie dans le premier, le deuxième et le quatrième cas du tableau (T) (p. 7) et qui n'est fausse que dans le troisième.

VIII. *Définition.* — Chacun des symboles p et q désignant une proposition, l'expression

$$(1) \qquad\qquad p \cdot q,$$

appelée *produit logique* des propositions p et q, représente la proposition suivante : « chacune des propositions p et q est vraie ». D'après cela, le produit logique (1) est une proposition qui n'est vraie que dans le premier des cas consignés dans le tableau (T) (p. 7) et qui, par suite, est fausse dans chacun des trois autres cas.

IX. *Remarque.* — On étend les notions de somme logique et de produit logique, établies au moyen des définitions VII et VIII pour deux propositions, au cas général, exactement comme on effectue l'extension analogue en arithmétique; en outre, pour simplifier l'écriture, on convient, en se laissant guider par l'exemple de l'arithmétique, de regarder les symboles

$$p \vee q \vee r \qquad \text{et} \qquad p \cdot q \cdot r,$$

portant sur les propositions p, q et r, comme ayant les mêmes significations respectives que les suivants :

$$(p \vee q) \vee r \qquad \text{et} \qquad (p.q).r;$$

ajoutons que, au cas où un système de propositions S ne contient qu'une seule proposition, l'expression « produit logique des propositions du système S » désigne la proposition unique qui constitue ce système.

X. *Définition*. — Les lettres p et q désignant comme précédemment deux propositions quelconques, l'expression

$$(1) \qquad\qquad\qquad p \equiv q,$$

appelée *équivalence logique*, représente la proposition suivante : «les propositions p et q ont même valeur logique [IV, p. 7] ». L'équivalence (1) est donc une proposition qui est vraie dans le premier et le troisième des cas consignés dans le tableau (T) [p. 7], mais qui est fausse dans le deuxième et le quatrième cas.

8. Relations qui subsistent entre les notions de négation, d'implication, d'alternative, de produit logique et d'équivalence. — Les lettres p et q continuant à désigner deux propositions quelconques, on s'assurera que, en vertu des définitions V, VI, VII, VIII et X, présentées au numéro précédent, il correspond à chacun des quatre cas consignés dans le tableau (T) [p. 7] une valeur logique [IV, p. 7] définie sans ambiguïté et facile à déterminer, de chacune des six propositions suivantes :

$$p \vee q, \quad p.q, \quad (p \supset q).(q \supset p),$$
$$[\sim p] \supset q, \quad \sim\{p \supset [\sim q]\} \quad \text{et} \quad p \equiv q.$$

Cela posé, on constatera sans peine que, dans chacun des quatre cas du tableau (T) ou, ce qui revient au même, *quelles que soient les valeurs logiques* [IV, p. 7] *des propositions* p *et* q, chacune des six propositions suivantes est vraie :

$$(B_1) \qquad [p \vee q] \supset \{[\sim p] \supset q\},$$
$$(B_2) \qquad \{[\sim p] \supset q\} \supset [p \vee q],$$
$$(B_3) \qquad [p.q] \supset \{\sim\{p \supset [\sim q]\}\},$$
$$(B_4) \qquad \{\sim\{p \supset [\sim q]\}\} \supset [p.q],$$
$$(B_5) \qquad [p \equiv q] \supset [(p \supset q).(q \supset p)],$$
$$(B_6) \qquad [(p \supset q).(q \supset p)] \supset [p \equiv q].$$

Il convient d'ajouter que les couples de propositions

$$(1) \qquad (B_1) \quad \text{et} \quad (B_2), \quad (B_3) \quad \text{et} \quad (B_4), \quad (B_5) \quad \text{et} \quad (B_6).$$

considérées comme des postulats conventionnels portant (se reporter aux pages 3 et 4) sur les propositions

$$(2) \qquad p \vee q, \quad p.q \quad \text{et} \quad p \equiv q,$$

équivalant respectivement aux définitions VII, VIII et X du numéro précédent; on reconnaîtra l'exactitude de cette remarque en vérifiant que les couples de propositions (1) considérées comme des postulats conventionnels portant sur les propositions (2), font correspondre à chacun des quatre cas du tableau (T) (p. 7), les mêmes valeurs logiques de ces propositions que les définitions VII, VIII et X.

Il résulte de la remarque précédente que, au point de vue du langage idéographique, les notions représentées par les symboles

$$\sim p \quad \text{et} \quad p \supset q$$

où p et q désignent des propositions quelconques, peuvent être considérées comme des notions primitives, tandis que celles que représentent les expressions (2) peuvent être regardées comme définies par la condition de représenter des propositions. vérifiant les postulats conventionnels (1).

9. Notion de catégorie et notion de classe ou d'ensemble. — En abordant la notion de *classe* ou, ce qui revient au même, celle d'ensemble, je tiens à dire que, dans ce qui va suivre, je ne crois qu'avoir précisé et développé des idées esquissées brièvement par Poincaré [8, p. 210-214; 9].

Commençons par comparer entre eux les deux énoncés suivants :

(1) « x est un nombre entier non négatif »

et

(2) « x est une proposition ».

Ces énoncés ont cela de commun que, toutes les fois que le symbole x sera regardé comme représentant une chose suffisamment bien déterminée, chacun d'eux deviendra celui d'une proposition bien déterminée, vraie ou fausse selon le sens attribué à x. Néanmoins les deux énoncés considérés sont de nature très différente. Pour le mettre en évidence, envisageons l'énoncé (1) dans deux cas différents A et B, caractérisés chacun par la liste des connaissances regardées comme acquises dans le cas considéré, liste contenant, dans chacun des deux cas, la notion de nombre entier ainsi que celle de quelque numération soit, pour fixer les idées, celle de numération décimale Supposons maintenant que, dans le cas A, on ait constaté que, pour une certaine signification bien déterminée x_0 de x l'énoncé, en lequel se transforme alors l'énoncé (1), c'est-à-dire le suivant :

(3) « x_0 est un nombre entier non négatif »,

soit celui d'une proposition vraie. Il pourrait arriver que, dans le cas B, les connaissances supposées être acquises dans ce cas-là, soient insuffisantes pour reconnaître l'exactitude de la proposition (3). C'est ce qui arriverait par exemple si, dans le cas A, la notion d'intégrale définie était portée sur la liste des connaissances regardées comme acquises, sans y être portée dans le cas B et si x_0 représentait l'intégrale

$$\int_0^1 dx.$$

Mais, et cela est fondamental pour nous, il existera parmi les choses reconnaissables dans *chacun* des cas A et B pour être des nombres entiers non négatifs, une chose x'_0, à savoir un arrangement convenable (peut-être avec répétitions) des dix chiffres arabes, représentant le *même* nombre entier que le symbole x_0. En définitive, nous arrivons à la conclusion suivante : *lorsque la notion de nombre entier non négatif et celle d'une numération sont acquises, le degré de variété des significations de x pour chacune desquelles l'énoncé (1) devient celui d'une proposition vraie, est abstraction faite des diverses façons de les représenter, indépendant des autres connaissances que l'on pourrait posséder.*

Il est aisé de voir qu'il en va tout autrement de l'énoncé (2) : par la simple adoption de définitions nouvelles, on pourra créer des propositions essentiellement différentes de chacune de celles qui existaient précédemment.

Les réflexions précédentes nous apprennent qu'en ce qui concerne les énoncés de la forme générale suivante :

(4) « x appartient à une certaine catégorie de choses »,

énoncé comprenant en particulier les énoncés (1) et (2), deux cas très différents peuvent se présenter. Nous allons les préciser en fixant le sens du terme *catégorie* au moyen de deux postulats conventionnels (se reporter aux pages 3 et 4) et celui du terme *classe*, synonyme de celui *d'ensemble*, au moyen d'une définition.

XI. *Postulat conventionnel.* — Lorsqu'un symbole K représente une catégorie, il lui correspond une convention (C) en vertu de laquelle l'énoncé : « x appartient à la catégorie K », énoncé que nous écrirons symboliquement ainsi :

$$(1) \qquad x \, \varepsilon \, K$$

et que nous appellerons *appartenance*, devient une proposition déterminée, vraie ou fausse selon le cas, toutes les fois qu'une signification suffisamment bien déterminée est attribuée à x; pour exprimer que l'énoncé (1) devient celui d'une proposition vraie lorsque x représente une chose e, on dit que cette chose est un *élément* de la catégorie K.

XII. *Postulat conventionnel.* — L'assertion que deux symboles K et K' représentent une même catégorie, assertion que nous symboliserons au moyen de l'égalité

$$K = K',$$

exprime que les appartenances

$$x \, \varepsilon \, K \quad \text{et} \quad x \, \varepsilon \, K'$$

se transforment en propositions équivalentes (X, p. 9) pour toute signification suffisamment bien déterminée de x.

XIII. *Définition.* — On entend par *classe* ou *ensemble* une catégorie α telle que le degré de variété des significations de x pour chacune desquelles l'appartenance (XI, p. 12),

$$(1) \qquad x \, \varepsilon \, \alpha$$

est vérifiée, soit indépendant des connaissances que l'on pourrait avoir en dehors de celle de la convention qui permet de reconnaître si, pour une signification de x arbitrairement donnée et suffisamment bien déterminée, l'appartenance (1) est ou n'est pas vérifiée.

XIV. *Définition*. — L'assertion qu'une classe α est *nulle* exprime qu'elle est dépourvue d'éléments, c'est-à-dire que, pour aucune signification de x, l'expression

$$x\,\varepsilon\,\alpha$$

ne représente une proposition vraie.

XV. *Remarque*. — Il résulte du postulat conventionnel XII et de la définition XIII que l'égalité

$$\alpha = \alpha',$$

où chacune des lettres α et α' représente une classe, exprime que, pour toute signification bien déterminée de x, les appartenances

$$x\,\varepsilon\,\alpha \quad \text{et} \quad x\,\varepsilon\,\alpha'$$

représentent des propositions équivalentes (X, p. 9).

XVI. *Remarque*. — Il résulte des énoncés XIV et XV que deux classes nulles sont toujours égales entre elles.

Actuellement, nous allons faire connaître quelques théorèmes qui donnent la clef des paradoxes apparents de la théorie des ensembles.

XVII. THÉORÈME. — *Il correspond à tout ensemble* E *dont chaque élément est lui-même un ensemble, un ensemble qui n'est pas un élément de l'ensemble* E.

En effet, soit E un ensemble quelconque d'ensembles. Il existera un ensemble E′ qui sera celui de tous ceux des éléments de l'ensemble E dont aucun n'est lui-même son propre élément. Soit E″ l'ensemble peut-être nul (XIV, p. 13) de tous ceux des éléments de E dont aucun n'est un élément de E′. Les définitions des ensembles E′ et E″ donnent lieu aux remarques suivantes :

1° L'appartenance

$$(1) \qquad\qquad e\,\varepsilon\,E'$$

ne peut être vérifiée qu'au cas où e est un ensemble qui n'est pas lui-même son propre élément, condition dont l'expression symbolique est (V, p. 7) la suivante :

$$(2) \qquad\qquad \sim(e\,\varepsilon\,e).$$

2° L'appartenance

$$(3) \qquad e \,\varepsilon\, E''$$

ne peut être vérifiée qu'au cas où l'on aurait

$$(4) \qquad e \,\varepsilon\, e.$$

3° Lorsque aucune des appartenances (1) et (3) n'est vérifiée, l'appartenance

$$(5) \qquad e \,\varepsilon\, E$$

ne l'est pas non plus.

En vertu de la première des trois remarques précédentes, l'existence de l'appartenance

$$(6) \qquad E' \,\varepsilon\, E'$$

entraînerait l'exactitude de la proposition

$$(7) \qquad \sim (E' \,\varepsilon\, E'),$$

en d'autres termes, si la proposition (6) était vraie, la proposition (7), qui en est la négation, le serait aussi. Donc, la proposition (6) est fausse et, par suite, la proposition (7) est vraie. Cela étant, il résulte de la deuxième des remarques faites ci-dessus que l'appartenance

$$(8) \qquad E' \,\varepsilon\, E''$$

n'est pas vérifiée. En définitive, aucune des appartenances (6) et (8) n'est vérifiée. Donc, en vertu de la troisième de nos remarques, l'ensemble E' n'est pas un élément de l'ensemble E et notre théorème est démontré.

XVIII. Corollaire I. — *Il n'existe pas d'ensemble qui soit celui de tous les ensembles; il ne peut y avoir que des ensembles d'ensembles.*

XIX. Corollaire II. — *La catégorie des ensembles n'est pas elle-même un ensemble.*

La proposition XVIII ou, si l'on veut, la proposition XIX donne

la clef des « paradoxes » relatifs à « l'ensemble de tous les ensembles ».
D'une façon générale, les « paradoxes » de la théorie des ensembles
dont Poincaré [8, Chap. III] cite quelques exemples et dont on en
trouvera d'autres dans l'Ouvrage de MM. Whitehead et Russell
[5, vol. I, p. 63 et 64], quand ils ne dérivent pas de l'ambiguïté de
certains termes et plus particulièrement de celle du terme « définir »,
cas où ils se réduisent à de simples jeux de mots, n'ont pas d'autre
source que la confusion de la notion *d'ensemble* avec la notion plus
générale de *catégorie* (XI, XII et XIII, p. 12).

La notion générale de *catégorie* telle que l'établissent les postulats
conventionnels XI et XII (p. 12) ne donne-t-elle pas lieu à des
« paradoxes » analogues aux paradoxes apparents de la théorie des
ensembles ? J'observe tout d'abord que la notion de puissance
[10, Chap. I] n'est évidemment pas applicable aux catégories qui ne
sont pas des ensembles [XIII, p. 12]. Donc, les catégories qui ne sont
pas des ensembles ne peuvent faire naître aucun paradoxe relatif aux
nombres translinis. D'autre part, il suffit de remplacer dans l'énoncé
et dans la démonstration du théorème XVII (p. 13) le mot « ensemble »
par le mot « catégorie » pour reconnaître que l'on a un théorème
dont le théorème XVII n'est qu'un cas particulier et dont voici
l'énoncé :

XX. Théorème. — *Il correspond à toute catégorie* K *de caté-*
gories, une catégorie qui n'est pas un élément de la catégorie K.

XXI. Corollaire. — *Il n'existe pas de catégorie qui soit la caté-*
gorie des catégories; il ne peut y avoir que des catégories de
catégories.

En s'appuyant sur les propositions précédentes ou sur d'autres
propositions du même genre, on s'assurerait aisément que les paradoxes auxquels se rapporte la question posée plus haut, ne pourraient
que dériver d'erreurs se réduisant à admettre l'existence de catégories
qui en réalité n'existent pas.

Pour terminer, observons qu'il semble impossible de démontrer
l'existence de *tous* les ensembles ou catégories que l'on a à considérer en mathématiques; c'est seulement après avoir postulé l'existence de certaines de ces choses qu'il devient possible de démontrer
celle de toutes les autres d'entre elles.

10. Notion générale de fonction; fonctions logiques. — A l'exemple de Frege [6, p. 5 et 6] nous allons attribuer au mot *fonction* une signification beaucoup plus générale que l'on ne lui attribue ordinairement, en adoptant la définition suivante :

XXII. *Définition.* — On entend par *fonction*, dans l'acception la plus générale de ce terme, toute expression $F(x, y, z, \ldots)$ qui contient un certain nombre d'indéterminées $x, y, z, \ldots$ et qui acquiert des significations déterminées, au moins pour certains systèmes de significations des indéterminées $x, y, z, \ldots$ indéterminées appelées *arguments* de la fonction.

XXIII. *Convention.* — Pour exprimer que, au cours des considérations que l'on se propose de développer, un symbole x pourra acquérir diverses significations, on dira que ce symbole est une *variable*; toute signification attribuée à une variable s'appellera *valeur* de cette variable; tout système de valeurs particulières attribuées à des variables $x_1, x_2, \ldots, x_n$ s'appellera *point logique* de ces variables.

D'après cela, les arguments d'une fonction sont des variables.

XXIV. *Définition.* — Lorsqu'une fonction $F(x, y, \ldots)$, toutes les fois qu'en un point logique de ses arguments elle acquiert une signification déterminée, représente une proposition, elle prend le nom de *fonction logique*, synonyme de *fonction propositionnelle*.

Il peut arriver qu'une fonction logique fasse correspondre une proposition déterminée à *tout* point logique de ses arguments; tel est par exemple le cas de la fonction logique à un argument que représente l'appartenance (XI et XII, p. 12)

$$x \, \varepsilon \, \alpha;$$

où α représente une classe ou une catégorie quelconque; nous dirons alors que la fonction logique considérée est définie dans un *domaine illimité* ou encore que son domaine est illimité.

Mais il peut arriver aussi qu'une fonction logique ne fasse correspondre une proposition déterminée qu'à ceux des points logiques (XXIII, p. 16) de ses arguments qui appartiennent à une certaine catégorie β; nous dirons alors que la fonction logique considérée est définie dans un *domaine borné* ou encore qu'elle a un domaine borné. Considérons par exemple l'expression

$$x \supset y :$$

la définition VI (p. 7) ne lui attribue un sens qu'au cas où chacune des lettres x et y représente une proposition et, dans ce cas, l'expression considérée représente elle-même une proposition; cette expression constitue donc une fonction logique à domaine borné.

Envisageons encore l'expression

$$x^2 + y^2 = 1,$$

en supposant que les notions de somme et de produit n'aient été établies que pour les nombres réels; l'expression précédente représentera évidemment une fonction logique admettant pour domaine l'ensemble des systèmes de valeurs réelles des variables x et y.

Dans la pratique, il est très avantageux de n'avoir à considérer que des fonctions logiques définies dans un domaine illimité; pour y arriver de la façon la mieux adaptée aux besoins des applications, nous adopterons la convention suivante :

XXV. *Convention.* — Une fonction logique $f(x, y, \ldots)$ étant donnée au moyen d'une définition qui lui assignerait un domaine borné (D), nous admettrons une fois pour toutes que, sauf avis contraire, la définition de la fonction $f(x, y, \ldots)$ a été complétée comme il suit : lorsqu'un point logique (XXIII, p. 16) $x_0, y_0, \ldots$ des arguments de la fonction logique $f(x, y, \ldots)$ n'appartient pas au domaine (D), l'expression $f(x_0, y_0, \ldots)$ lui fait correspondre la proposition fausse que voici : « le point logique considéré appartient au domaine (D) ».

XXVI. *Remarque.* — Deux fonctions logiques $\varphi(x, y, \ldots)$ et $\psi(x, y, \ldots)$ étant données, il résulte immédiatement des définitions V, VI, VII, VIII et X (p. 7 et suiv.) que chacune des cinq expressions :

$$\sim \varphi(x, y, \ldots); \quad \varphi(x, y, \ldots) \supset \psi(x, y, \ldots); \quad \varphi(x, y, \ldots) \vee \psi(x, y, \ldots);$$
$$\varphi(x, y, \ldots) \cdot \psi(x, y, \ldots) \quad \text{et} \quad \varphi(x, y, \ldots) \equiv \psi(x, y, \ldots),$$

représentera une nouvelle fonction logique.

XXVII. *Définition.* — Étant donnée une fonction logique

$$F(x, y, \ldots),$$

le symbole

$$(x, y, \ldots)\, F(x, y_z, \ldots),$$

introduit par MM. Whitehead et Russell (5), représente la proposition suivante : « la fonction logique $F(x, y, \ldots)$ fait correspondre une proposition vraie à tout point logique (XXIII, p. 16) de ses arguments ».

XXVIII. *Définition.* — Étant donnée une fonction logique

$$F(x, y, \ldots)$$

le symbole

$$(\exists x, y, \ldots)\, F(x, y, \ldots),$$

dû à M. Peano et conservé par MM. Whitehead et Russell, représente la proposition suivante : « il existe au moins un point logique (XXIII, p. 16) des arguments de la fonction logique $F(x, y, \ldots)$, auquel celle-ci fait correspondre une proposition vraie ».

Dans la pratique, le symbole défini par la définition XXVII se présente le plus souvent dans le cas où la fonction $F(x, y, \ldots)$ est de la forme

$$\varphi(x, y, \ldots) \smile \psi(x, y, \ldots),$$

les symboles $\varphi(x, y, \ldots)$ et $\psi(x, y, \ldots)$ représentant deux fonctions logiques données.

11. **Exemple de démonstration mathématique** ([1]). — Pour mettre le plus nettement possible en évidence, sur l'exemple que nous allons présenter, la nature du raisonnement mathématique, nous serons obligés de nous servir du langage idéographique et, pour pouvoir le faire avec toute la clarté désirable, nous compléterons la liste des définitions données précédemment par la suivante :

XXIX. *Définition.* — Le système de symboles

$$\vdash p,$$

où p représente une proposition se rencontrant dans une théorie déductive déterminée, exprime que, *dans cette théorie*, la proposi-

---

tion p est portée sur la liste des propositions vraies ; le signe $\vdash$, adopté
à l'exemple de Frege [6, vol. I, p. 9] par MM. Whitehead et Russell
[3, vol. I, p. 8 et 9], porte le nom de *signe d'assertion* ou de *signe
de vérité*.

Cela posé, passons à l'exemple que nous avions en vue.

La lettre N désignant l'ensemble des nombres entiers, nous adopterons les quatre prémisses suivantes :

$$(1) \qquad \vdash (1 \varepsilon N),$$

c'est-à-dire (XIII, p. 12) : « le signe 1 représente un entier »

$$(2) \qquad \vdash (x) \, \{ [x \varepsilon N] \supset [(x+1) \varepsilon N] \},$$

c'est-à-dire (XIII, p. 12 ; VI, p. 7 ; XXVIII, p. 18) : « lorsque x
est un entier, $x+1$ en est un aussi ».

$$(3) \qquad \vdash (x . y) \, \{ [y \varepsilon N] \supset [[x = y] \supset [x \varepsilon N]] \},$$

c'est-à-dire : « lorsque y est un entier, toute chose x, égale à y, est
aussi un entier ».

$$(4) \qquad \vdash (2 = 1 + 1).$$

Ces prémisses admises, nous allons démontrer le théorème suivant :

$$(T) \qquad \vdash 2 \varepsilon N.$$

c'est-à-dire : « le signe 2 représente un entier ».

Démonstration. — Premier chaînon : dans l'expression

$$[x \varepsilon N] \supset [(x+1) \varepsilon N],$$

substituons à x le symbole 1. En vertu de la prémisse (2) nous
obtiendrons de cette façon une proposition vraie ; nous avons donc

$$(5) \qquad \vdash \{ [1 \varepsilon N] \supset [(1+1) \varepsilon N] \}.$$

Deuxième chaînon : la prémisse (1) exprime que l'antécédent de
l'implication (5) est une proposition vraie. Il en est donc de même
du conséquent, c'est-à-dire

$$(6) \qquad \vdash \{ (1+1) \varepsilon N \}.$$

Troisième chaînon : dans l'expression

$$[y \, \varepsilon \, N] \supset \big[[x = y] \supset [x \, \varepsilon \, N) \big],$$

substituons à y et x respectivement, les expressions

$$1 + 1 \quad \text{et} \quad 2.$$

En vertu de la prémisse (3), le résultat obtenu sera une proposition vraie, donc

$$(7) \qquad \vdash \big\{ [(1 + 1) \, \varepsilon \, N] \supset \big[[2 = 1 + 1] \supset [2 \, \varepsilon \, N] \big] \big\}.$$

Quatrième chaînon : en vertu de (6), l'antécédent dans l'implication (7) est une proposition vraie, il en est donc de même du conséquent et nous avons

$$(8) \qquad \vdash \big[[2 = 1 + 1] \supset [2 \, \varepsilon \, N] \big].$$

Cinquième chaînon : la prémisse (4) exprime que l'antécédent de l'implication (8) est une proposition vraie. Il en est donc de même du conséquent et nous avons

$$\vdash [2 \, \varepsilon \, N]. \qquad \text{C. Q. F. D.}$$

12. Analyse de la démonstration précédente. — Deux des cinq chaînons de cette démonstration, à savoir le premier et le troisième, sont évidemment formés selon la règle générale suivante :

XXX. *Règle* (dite *principe de substitution*). — Sachant qu'une fonction logique $F(x, y, \ldots)$ fait correspondre une proposition vraie à tout point logique (XXIII, p. 16) de ses arguments, on a le droit de porter, sur la liste des propositions vraies, toute proposition obtenue par la substitution à $x, y, \ldots$, dans $F(x, y, \ldots)$, des symboles $a, b, \ldots$ de n'importe quelles choses particulières.

Quant aux 2^n, 4° et 5e chaînons de la démonstration analysée, ils sont tous formés selon la règle suivante :

XXXI. *Règle* (dite *modus ponens*). — Sachant que deux propositions p et q vérifient l'implication

$$p \supset q,$$

sachant, en outre, que la proposition p se trouve sur la liste des propositions vraies, on a le droit de porter la proposition q sur cette liste.

XXXII. *Définition.* — L'assertion qu'un chaînon logique est un chaînon logique *régulier*, exprime qu'il est formé selon l'une des deux règles précédentes.

XXXIII. *Remarque.* — Il ne faut pas, comme l'a déjà remarqué Bolzano [17, vol. II, § 199, p. 344], confondre les *règles* de formation des chaînons logiques avec les *prémisses* d'une théorie : il est vrai qu'il correspond, à toute règle de formation de chaînons logiques, une proposition dont l'exactitude est la condition nécessaire et suffisante de la règle; mais, pour reconnaître qu'une règle de formation de chaînons logiques et une prémisse sont deux choses différentes, il suffit de considérer qu'il serait impossible de tirer la moindre conclusion de n'importe quel système de prémisses sans connaître quelque procédé permettant de conclure de propositions données à une proposition nouvelle.

13. Notion de démonstration complète. — En dehors des règles XXX et XXXI (p. 20) il serait possible de formuler bien d'autres règles correctes pour la formation de chaînons logiques. Toutefois, tous les logiciens modernes admettent d'une façon plus ou moins implicite ce que nous admettons explicitement, à savoir que l'on a la proposition suivante :

XXXIV. *Postulat.* — Tout chaînon logique correct peut toujours être remplacé par un ou plusieurs chaînons logiques réguliers au sens de la définition XXXII (p. 21).

Le postulat précédent fournit évidemment une réponse à la question I (p. 5); et justifie les définitions suivantes :

XXXV. *Définition.* — On entend par démonstration déductive *complète* une démonstration qui se compose *exclusivement* de chaînons logiques *réguliers* (XXXII, p. 21).

XXXVI. *Définition.* — L'assertion qu'une théorie déductive est *régulièrement* développée exprime que tout théorème y est appuyé d'une démonstration *complète* au sens de la définition précédente.

14. Les démonstrations mathématiques usuelles. — L'examen des démonstrations mathématiques, telles que les mathématiciens ont l'habitude de les donner, met rapidement ce fait en évidence que ces

démonstrations contiennent presque toujours, en dehors de chaînons
logiques réguliers (XXXII, p. 21) ou de chaînons qui peuvent se
ramener à ces chaînons-là, des chaînons logiques qui se réduisent à
porter certaines propositions sur la liste des propositions vraies à
titre de vérités « évidentes ». Habituellement, les propositions jugées
« évidentes » s'imposent à l'intelligence avec tant de force que les
démonstrations considérées ne laissent subsister aucun doute dans
l'esprit. Toutefois il n'en est pas toujours ainsi, et même il est arrivé
plus d'une fois qu'une proposition, jugée évidente par un esprit de
premier ordre, s'est trouvée être fausse. En outre, et cela est fondamental au point de vue de la critique scientifique, *si, au cours des*
démonstrations des théorèmes d'une théorie déductive, on porte
certaines propositions sur la liste des propositions vraies à titre
de vérités « évidentes », on se prive du droit d'affirmer que la
théorie considérée repose sur les propositions adoptées pour pré-
misses et, en définitive, on développe une théorie dont les fonde-
ments restent, à strictement parler, inconnus.

Les réflexions précédentes ont conduit les logiciens à l'étude du
problème suivant :

XXXVII. *Problème.* — Refondre les théories mathématiques de
façon à faire prendre à chacunes d'elles la forme d'une théorie *régu-*
lièrement développée (XXXVI, p. 21).

III. — LES PRÉMISSES LOGIQUES DANS LES THÉORIES MATHÉMATIQUES.

15. Prémisses logiques et prémisses mathématiques. — Pour abor-
der le problème XXXVII, il faut évidemment soumettre à une analyse
serrée l'exposition usuelle des théories mathématiques les plus par-
faites. En procédant de cette façon, on constate rapidement que la
liste des prémisses de chacune de ces théories a besoin d'être complétée. Il arrive souvent que certaines des prémisses manquantes sont
constituées par des propositions qui portent sur les éléments particuliers dont s'occupe la théorie analysée, mais l'immense majorité des
prémisses qu'il faut adjoindre à celles que les mathématiciens ont
l'habitude d'énoncer explicitement, se réduisent à des propositions
d'une catégorie particulière, dites *propositions de logique et dont*
voici la définition :

XXXVIII. *Définition*. — Une *proposition de logique* n'est autre chose qu'une proposition portant exclusivement sur d'autres propositions et fonctions logiques, appartenant elles-mêmes à un domaine scientifique complètement indéterminé.

Les propositions (B_1), (B_2), (B_3), (B_4), (B_5) et (B_6) énoncées (en langage idéographique) à la page 9 constituent des exemples de propositions de logique portant sur des propositions, et voici un exemple de proposition de logique portant sur des fonctions logiques :

$$(x, y, \ldots)\{\varphi(x, y, \ldots) \supset \psi(x, y, \ldots)\}$$
$$\supset \{[(\exists x, y, \ldots)\varphi(x, y, \ldots)] \supset [(\exists x, y, \ldots)\psi(x, y, \ldots)]\}.$$

c'est-à-dire : « lorsqu'en tout point logique (XXIII, p. 16) des variables $x, y. \ldots$, la proposition que lui fait correspondre la fonction $\varphi(x, y, \ldots)$ entraine (VI. p. 7) celle que fait correspondre la fonction $\psi(x, y, \ldots)$ au même point logique; dans ce cas, s'il existe (XXIII, p. 16) un point logique des variables $x, y, \ldots$ auquel la fonction $\varphi(x, y, \ldots)$ fait correspondre une proposition vraie, il en existe un auquel la fonction $\psi(x, y, \ldots)$ fait aussi correspondre une proposition vraie ».

XXXIX. *Définition*. — Celles des prémisses d'une théorie mathématique qui sont des propositions de logique s'appelleront *prémisses logiques* de la théorie et toutes les autres, *prémisses mathématiques*.

16. Formes diverses des fonctions logiques et des propositions (¹). — Nous avons indiqué (XXVI, p. 17) un certain nombre de procédés permettant de former, à l'aide de fonctions logiques données, des fonctions logiques nouvelles. La remarque suivante fera connaître des procédés d'une tout autre nature conduisant au même but.

XL. *Remarque*. — Après avoir divisé les arguments d'une fonction logique donnée de deux arguments au moins en deux systèmes, $x_1 \ldots x_n$ et $y_1 \ldots y_m$, on peut faire dériver de cette fonction logique, soit $F(x_1 \ldots x_n, y_1 \ldots y_m)$, une fonction logique nouvelle au moyen de l'un quelconque des trois procédés suivants :

1° On peut attribuer, dans la fonction logique $F(x_1 \ldots x_n, y_1 \ldots y_m)$,

---

(¹) Dans ce numéro, nous utilisons dans une large mesure le grand Ouvrage de MM. Whitehead et Russell [5].

aux variables $y_1, \ldots, y_m$ un système de valeurs particulières $b_1, \ldots, b_m$, ce qui donnera la fonction $F(x_1 \ldots x_n, b_1 \ldots b_m)$ des seules variables $x_1, \ldots, x_n$;

2 On peut définir une fonction logique des seules variables $x_1, \ldots, x_n$ en spécifiant que la proposition qu'elle fait correspondre à un point logique (XXIII, p. 16) $x'_1, \ldots, x'_n$ de ces variables est, quel que soit ce point logique, la suivante : « la fonction

$$F(x'_1, \ldots, x'_n; y_1, \ldots, y_m)$$

des seules variables $y_1, \ldots, y_m$ fait correspondre une proposition vraie à tout point logique de ces variables »; le symbole idéographique de la fonction logique ainsi définie sera évidemment (XXVII, p. 17) le suivant :

$$(y_1, \ldots, y_m) F(x_1 \ldots x_n. y_1 \ldots y_m);$$

3° On définira encore une fonction des seules variables $x_1, \ldots, x_n$ en spécifiant que la proposition qu'elle fait correspondre à un point logique $x'_1 \ldots x'_n$ de ces variables est, quel que soit ce point logique, la suivante : « il existe au moins un point logique des variables $y_1, \ldots, y_m$ auquel la fonction $F(x'_1, \ldots, x'_n; y_1, \ldots, y_m)$ de ces seules variables fait correspondre une proposition vraie »; le symbole idéographique de la fonction logique ainsi définie sera évidemment (XXVIII, p. 18) le suivant :

$$(\exists y_1, \ldots, y_m) F(x_1, \ldots, x_n; y_1, \ldots, y_m).$$

Pour élucider au moyen d'un exemple chacune des deux dernières parties de la remarque précédente, désignons par N l'ensemble des entiers positifs et, lorsque z est un entier positif, représentons par $dvs\,z$ l'ensemble des diviseurs de z. Dans ces conditions, l'appartenance (XIII, p. 14)

$$(1) \qquad\qquad x \,\varepsilon\, dvs\,z$$

représenterait une fonction logique de x et z dont le domaine serait borné par la condition que z soit un entier positif mais, en vertu de la convention XXV (p. 17), l'expression (1) devra être regardée comme une fonction logique dont le domaine est illimité. Cela posé, considérons l'expression

$$(2) \qquad \{y\,\varepsilon\,N\} \supset \{[[x\,\varepsilon\,dvs(y+1)].[x>1]] \supset [\sim(x\,\varepsilon\,dvs\,y)]\};$$

elle représentera une fonction logique qui, en vertu des définitions du n° 7 (p. 7 et suiv.) et de la définition XIII (p. 14), pourra être énoncée en langage usuel comme il suit : « lorsque y est un entier positif, dans ce cas, si x est un diviseur de $y + 1$, supérieur à l'unité, x n'est pas un diviseur de y ». Envisageons maintenant l'expression

$$(y) \big\{ y \varepsilon N \big\} \supset \big\{[[x \varepsilon dvs(y + 1)].[x > 1]] \supset [\sim (x \varepsilon dvs\, y)]\big\};$$

elle représente une fonction logique de x déduite de la fonction (1) par le deuxième des procédés énumérés dans la remarque XL (p. 23), fonction logique qui peut être énoncée comme il suit : « pour toute valeur particulière x' de x, l'expression

$$\big\{ y \varepsilon N \big\} \supset \big\{[[x' \varepsilon dvs(y + 1)].[x' > 1]] \supset [\sim (x' \varepsilon dvs\, y)]\big\}$$

fait correspondre une proposition vraie à toute valeur de y ».

Pour donner un exemple de fonction logique définie par le troisième des procédés énumérés dans la remarque XL (p. 23), conservons les notations de l'exemple précédent; désignons encore par $N pr$ l'ensemble de tous les nombres premiers supérieurs à l'unité, et considérons la fonction logique suivante :

$$(3) \qquad\qquad [x \varepsilon N] \supset \big\{[y \varepsilon N pr].[y \varepsilon dvs(x + 1)]\big\};$$

elle fait correspondre à un point logique x', y' des variables x et y, arbitrairement données, la proposition (en général fausse) que voici : « lorsque x' est un entier positif, y' est à la fois un nombre premier supérieur à l'unité et un diviseur de $x' + 1$ ».

Envisageons maintenant l'expression

$$(\exists y) \big\{ x \varepsilon N \big\} \supset \big\{[y \varepsilon N pr].[y \varepsilon dvs(x + 1)]\big\};$$

elle représente une fonction logique de x déduite de la fonction (3) par le troisième des procédés énumérés dans la remarque XL (p. 23) et dont voici l'énoncé en langage usuel : lorsque x est un entier positif, il existe au moins une valeur de y représentant à la fois un nombre premier supérieur à l'unité et un diviseur de $x + 1$ ».

XLI. *Définition*. — L'assertion qu'une fonction logique est une fonction logique *élémentaire* exprime que la définition de cette fonction logique, quand elle fait intervenir d'autres fonctions logiques, n'exige l'emploi d'aucun des deux derniers procédés énumérés dans la remarque XL (p. 23).

XLII. *Définition*. — L'assertion qu'une proposition est une proposition *élémentaire* exprime que cette proposition, quand elle fait intervenir la notion de fonction logique, est constituée par celle qu'une fonction logique élémentaire [XLI], fait correspondre à quelque point logique [XXIII, p. 16] de ses arguments.

17. Propositions de logique communément employées d'une façon explicite par les mathématiciens. — Il existe un petit nombre de propositions de logique qui, dès l'antiquité, se sont imposées à l'attention des mathématiciens et nous nous proposons de présenter actuellement les plus importantes d'entre elles.

Pour énoncer ces propositions sous la forme la mieux adaptée à la construction des démonstrations mathématiques et pour éviter des longueurs fastidieuses, nous adopterons d'abord la définition suivante :

XLIII. *Définition*. — Lorsque S représente certaines n d'entre $n + 1$ propositions déterminées et T la $(n+1)^{\text{ième}}$ d'entre elles, le symbole $\Phi(S, T)$ sera considéré comme représentant l'énoncé suivant : « ayant adopté pour seules prémisses des propositions appartenant au système S, on a le théorème T ».

Il importe de faire remarquer que, en vertu de la définition précédente et de la convention XXV (p. 17), l'expression $\Phi(S, T)$ devra être regardée comme représentant une fonction logique dont le domaine est *illimité*.

XLIV. *Proposition de logique*. — Ayant désigné par p le produit logique (IX, p. 8) des propositions appartenant au système S (XLIII), on a (XXVII, p. 17).

$$(S, T) \, ; \Phi(S, T) \supset [p \supset T] \, \}.$$

La proposition précédente ne pouvait pas rester inaperçue parce qu'elle fait connaître une propriété fondamentale des théories déductives : en effet, elle nous apprend que le *seul* fait d'avoir démontré rigoureusement les théorèmes $T_1, \ldots, T_m$ d'une théorie déductive en s'appuyant sur un certain système de prémisses, nous autorise seulement à affirmer sûrement que, après avoir désigné par p le produit logique (IX, p. 8) des prémisses, on a les implications (VI, p. 7)

$$p \supset T_i \qquad (i = 1, 2. \ldots, n)$$

sans avoir le droit de rien affirmer au sujet de la valeur logique (IV, p. 7) d'une prémisse ou d'un théorème, à moins cependant d'avoir constaté que, dans l'ensemble constitué par les prémisses et les théorèmes, il y a une proposition qui serait la négation d'une autre d'entre elles car, dans ce cas, on peut démontrer que l'une au moins des prémisses est une proposition fausse, sans d'ailleurs pouvoir donner d'autres précisions à ce sujet.

Voici maintenant la proposition sur laquelle reposent les démonstrations dites « par la réduction à l'absurde » :

XLV. *Proposition de logique.* — Lorsque S représente certains n d'entre $n - 1$ propositions données et T la $(n + 1)^{\text{ième}}$ d'entre elles, désignons par p le produit logique (IX, p. 8) des propositions appartenant au système S, par q l'une de ces propositions et par S' le système de propositions, obtenu par l'adjonction de la négation de la proposition T au système S. La caractéristique Φ ayant la signification que lui attribue la définition XLIII (p. 26), on aura

$$(S. T) \supset \{\Phi(S'. \sim q) \supset [p \supset T]\}.$$

Pour déchiffrer la formule idéographique précédente, il suffira de se reporter aux énoncés XXVII (p. 17), V (p. 7), VI (p. 7) et XXV (p. 17).

Avant d'énoncer les autres propositions de logique que nous avons en vue, nous allons présenter quelques observations propres à faire comprendre pourquoi ces propositions devaient forcément s'imposer de bonne heure à l'attention des mathématiciens.

Il n'arrive qu'exceptionnellement qu'un théorème de mathématiques soit constitué par une proposition élémentaire (XLII, p. 26) comme c'est le cas de celui qui nous a servi d'exemple au n° 11. Or, lorsque cette circonstance particulière ne se présente pas, il est ordinairement impossible de construire une démonstration du théorème considéré sans recourir à quelque proposition de logique. D'autre part, lorsqu'une prémisse n'est ni une proposition élémentaire, ni une proposition (XXVII, p. 17) de la forme

$$(x, y, \ldots) F(x, y, \ldots),$$

on se trouve ordinairement encore dans un cas où, pour démontrer le théorème qu'il s'agit d'établir, on est obligé de faire appel à quelque proposition de logique, même lorsque le théorème à démontrer est constitué par une proposition simple.

Dès l'antiquité, les géomètres ont remarqué, comme le prouve en particulier la géométrie d'Euclide, que, du moins dans les cas usuels, les difficultés qui dérivent de la forme du théorème qu'il s'agit de démontrer ou de celle des prémisses, peuvent être vaincues au moyen des propositions de logique suivantes :

XLVI. *Proposition de logique.* — Lorsque S représente un système de $n\,(n \gtreqless 1)$ propositions données et T une proposition de la forme (XXVII, p. 17) :

$$(x, y, \ldots)\,|\,\varphi(x, y, \ldots) \supset \psi(x, y, \ldots)\,|,$$

où $\varphi(x, y, \ldots)$ et $\psi(x, y, \ldots)$ représentent deux fonctions logiques données, désignons par p le produit logique (IX, p. 8) des propositions formant le système S et par S$'$ le résultat de l'adjonction au système S du postulat conventionnel portant sur le point logique $(a, b, \ldots)$ (XXIII, p. 16) des variables $x, y, \ldots$ et exprimant que l'expression $\varphi(a, b, \ldots)$ représente une proposition vraie; nous aurons

$$(S, T)\,|\,\Phi[S', \psi(a, b, \ldots)] \supset [p \supset T]\,|,$$

proposition que l'on déchiffrera aisément en se reportant aux énoncés XXVII (p. 17), XLIII (p. 26), VI (p. 7) et XXV (p. 17).

XLVII. *Proposition de logique.* — Lorsque S représente $n\,(n \gtreqless 1)$ d'entre $n+1$ propositions données et T la $(n+1)^{\text{ième}}$ d'entre elles, lorsque, en outre, l'une des propositions appartenant au système S est (XXVIII, p. 18) de la forme

$$(\exists x, y, \ldots) F(x, y, \ldots),$$

désignons par p le produit logique (IX, p. 8) des propositions formant le système S et par S$'$ le résultat de l'adjonction au système S du postulat conventionnel portant sur un point logique (XXIII, p. 16)

a, b, ... des variables x, y, ... et exprimant que la proposition $F(a, b, ...)$ est vraie. Nous aurons

$$(S. T) \{ \Phi(S', T) \supset [p \supset T] \},$$

proposition que l'on déchiffrera aisément en se reportant aux
énoncés XXVII (p. 17), XLIII (p. 26), VI (p. 7) et XXV (p. 17).

XLVIII. *Proposition de logique.* — Toute fonction logique.

$$F(x, y, ...)$$

vérifie (XXVIII, p. 18) la relation suivante

$$F(a, b, ...) \supset (\exists x, y, ...) F(x, y, ...).$$

Dans l'énumération précédente des propositions de logique communément employées par les mathématiciens, nous n'avons pas men-
tionné le *principe d'induction complète* parce que ce principe n'est
pas, au sens de la définition XXXVIII (p. 23), une proposition de
logique; pour le reconnaître, il suffit de remarquer que le principe
considéré peut être énoncé comme il suit : *lorsque le nombre zéro
appartient à un ensemble* E, *lorsque en outre l'appartenance d'un
entier non négatif x à l'ensemble* E *entraîne celle de l'entier $x + 1$
à cet ensemble, tout entier non négatif appartient à l'ensemble
considéré.*

**18. Les deux espèces de propositions de logique; identités pro-
positionnelles et leur utilisation dans la construction des démonstrations.**

XLIX. *Définition.* — L'assertion qu'une proposition p est une
proposition de logique de première espèce ou, comme nous dirons
de préférence, qu'elle est une *identité propositionnelle*, exprime
qu'elle satisfait aux deux conditions suivantes :

1° Elle est une combinaison d'un nombre fini de propositions
indéterminées p_1, p_2, ..., p_n au moyen des opérations que font connaître les définitions V, VI, VII, VIII et X (p. 7 et suiv.);

2° Elle reste vraie *quelles que soient les valeurs logiques* (IV,
p. 7) des propositions p_1, p_2, ..., p_n;

les propositions de logique autres que les identités propositionnelles s'appelleront *propositions de logique de deuxième espèce.*

Le choix du terme « identités propositionnelles » nous a été suggéré par l'analogie suivante : de même qu'une identité algébrique ne nous fait connaître qu'une propriété des quatre opérations fondamentales de l'algèbre, sans rien nous apprendre au sujet des valeurs numériques des variables sur lesquelles elle porte, une identité propositionnelle exprime une propriété des opérations définies au n° 7 sans nous fournir aucun renseignement sur les valeurs logiques (IV, p. 7) des propositions sur lesquelles elle porte.

Les propositions (B_i) ($i = 1, 2, 3, 4, 5, 6$), énoncées à la page 9, sont des exemples d'identités propositionnelles portant sur deux propositions p et q, mais il existe aussi des identités propositionnelles qui ne portent que sur une seule proposition p, telles sont, par exemple les suivantes :

$$p \supset p, \quad p \vee [\sim p], \quad \{[\sim p] \supset p\} \supset p;$$

pour s'assurer que chacune de ces propositions représente bien une identité propositionnelle, on vérifiera, au moyen des définitions du n° 7 (p. 7 et suiv.), que chacune d'elles est une proposition vraie aussi bien au cas où la proposition p est vraie elle-même, qu'au cas où cette proposition est fausse.

Sans nous occuper, pour le moment, de la coordination des propositions de logique au moyen d'une théorie déductive, nous allons présenter quelques explications relatives à l'application des identités propositionnelles à la construction de démonstrations *complètes* XXXV, p. 21).

Soit $F(p_1, \ldots, p_n)$ une expression qui, au cas où chacun des symboles p_k ($k = 1, 2, \ldots, n$) serait considéré comme désignant une proposition, représenterait une identité propositionnelle. L'expression $F(p_1, \ldots, p_n)$ représentera évidemment une fonction logique XXIV, p. 16) qui, en vertu des *seules* définitions énoncées au n° 7, (p. 7 et suiv.), ne serait définie que dans un domaine borné, déterminé par la condition que chacune des variables $p_1, \ldots, p_n$ représente une proposition. Toutefois, ayant adopté la convention (XXV, p. 17), nous devrons regarder l'expression $F(p_1, \ldots, p_n)$ comme représentant une fonction logique définie dans un domaine illimité. Cela posé, il est aisé de voir que la fonction logique $F(p_1, \ldots, p_n)$ ne se prête pas à la formation de chaînons logiques selon la règle (XXX, p. 20). En effet, cette règle n'est applicable qu'à une fonction logique qui fait correspondre une proposition vraie à *tout* point logique (XXIII, p. 16) de ses arguments. Or, il résulte de la convention XXV (p. 17), que la fonction $F(p_1, \ldots, p_n)$ ne satisfait pas à cette condition.

Pour lever cette petite difficulté, il suffit de désigner par P la catégorie (XI et XII, p. 12) des propositions et de former la fonction logique (IX, p. 8) suivante :

$$(1) \qquad [(p_1 \,\varepsilon\, P).(p_n \,\varepsilon\, P)\ldots(p_n \,\varepsilon\, P)] \supset F(p_1, p_2, \ldots, p_n),$$

fonction logique qui fait correspondre une proposition vraie à *tout* point logique de ses arguments.

Si l'on désigne alors par $a_1, a_2, \ldots, a_n$ un système de n propositions quelconques, la règle XXX (p. 20) nous donnera (XXIX, p. 18)

$$\vdash \{[(a_1 \,\varepsilon\, P).(a_2 \,\varepsilon\, P)\ldots(a_n \,\varepsilon\, P)] \supset F(a_1, a_2, \ldots, a_n)\}$$

et comme on aura (IX, p. 8)

$$\vdash [(a_1 \,\varepsilon\, P).(a_2 \,\varepsilon\, P)\ldots(a_n \,\varepsilon\, P)].$$

la règle XXXI (p. 20) nous donnera finalement

$$\vdash F(a_1, a_2, \ldots, a_n).$$

Mais de quels moyens disposons-nous dans la pratique pour nous assurer qu'une expression donnée a représente une proposition ?

Lorsque, dans une théorie déductive, le caractère de proposition qu'a une expression déterminée a, n'est pas assuré directement par exemple par le fait qu'elle représente une prémisse ou par celui qu'elle représente la proposition qu'une fonction logique fait correspondre à un point logique de ses arguments, il arrive toujours que l'expression a est une combinaison d'expressions qui sont sûrement des propositions, au moyen des opérations définies au n° 7 (p. 7 et suiv.) et, dans ce cas, on peut établir en toute rigueur que l'expression a représente bien une proposition, en s'appuyant sur les prémisses qui, après avoir désigné, comme plus haut, par P la catégorie des propositions, peuvent être énoncées (XXVII, p. 17 et XXIX, p. 18) comme il suit :

$$(II) \qquad \begin{cases} \vdash (x) \{[x \,\varepsilon\, P] \supset [(\sim x) \,\varepsilon\, P]\}. \\[1ex] \vdash (x, y) \{[x \,\varepsilon\, P] \supset [[y \,\varepsilon\, P] \supset F_i]\} \qquad (i = 1, 2, 3, 4), \end{cases}$$

en désignant par F_1, F_2, F_3, F_4 respectivement les expressions suivantes :

$$(x \supset y)\varepsilon P, \quad (x \vee y)\varepsilon P, \quad (x.y)\varepsilon P \quad \text{et} \quad (x \equiv y)\varepsilon P.$$

Théoriquement, les indications précédentes, quant à l'utilisation des identités propositionnelles en tant que prémisses, sont suffisantes ; mais, dans la pratique, l'application de ces indications conduirait à des longueurs aussi rebutantes qu'inutiles. Pour éviter ces longueurs, tous les logiciens sont d'accord pour adopter la règle additionnelle suivante :

L. *Règle.* — Ayant à utiliser, dans une théorie déductive, une identité logique portant sur n propositions, on spécifiera en langage usuel que certains n symboles $p_1, p_2, \ldots, p_n$ représentent des propositions indéterminées, on portera sur la liste des prémisses l'expression (XXIX, p. 18),

$$\vdash F(p_1, p_2, \ldots, p_n),$$

où $F(p_1, p_2, \ldots, p_n)$ représente l'identité logique que l'on avait en vue, on se fiera à l'intuition directe pour reconnaître si quelque expression représente bien une proposition, et l'on pourra porter sur la liste des propositions vraies toute expression de la forme

$$F(a_1, a_2, \ldots, a_n),$$

où chacun des symboles $a_1, a_2, \ldots, a_n$ représente quelque proposition.

J'ajoute que l'on fait usage de simplifications du même genre quand il s'agit d'utiliser des propositions de logique de deuxième espèce (XLIX, p. 29).

Il est évident qu'une démonstration déductive, exposée avec les simplifications que nous venons d'indiquer, devra être regardée comme une forme abrégée *légitime* d'une démonstration complète (XXXV, p. 21).

19. Application à un exemple. — Pour présenter au moins un exemple du cas où, pour établir un théorème de mathématiques, on est obligé de s'appuyer sur des prémisses logiques (XXXIX, p. 23), nous allons développer la démonstration du théorème suivant :

Lorsqu'un nombre premier est un diviseur du carré d'un entier supérieur à zéro, il est un diviseur de cet entier lui-même.

Désignons par N l'ensemble de tous les entiers supérieurs à zéro, par $N\,pr$ l'ensemble de tous les nombres premiers et, lorsque n représente un entier supérieur à zéro, par $dvs\,n$ l'ensemble de tous les diviseurs de n.

En vertu de la convention XXV (p. 17), l'expression

$$z\,\varepsilon\,dvs\,n,$$

qui symbolise l'énoncé : « z est un diviseur de n », représentera une fonction logique définie dans un domaine illimité, et l'expression idéographique du théorème qu'il s'agit de démontrer sera la suivante :

$$(\aleph) \qquad (x,\,z)\,\lbrack(x\,\varepsilon\,N).(z\,\varepsilon\,N\,pr).(z\,\varepsilon\,dvs\,x\times x)\rbrack\supset\lbrack z\,\varepsilon\,dvs\,x\rbrack,$$

où, pour distinguer la multiplication arithmétique de la multiplication logique (VIII, p. 8), nous avons adopté le signe $\times$ pour signe de la multiplication arithmétique.

Nous ne nous appuierons que sur une seule prémisse mathématique (XXXIX, p. 23), à savoir,

$$(M) \qquad \vdash(x,\,y,\,z)\,\lfloor(x\,\varepsilon\,N).(y\,\varepsilon\,N).(z\,\varepsilon\,N\,pr).(z\,\varepsilon\,dvs(x\times y))\rfloor$$
$$\supset\lbrack\lbrack\sim(z\,\varepsilon\,dvs\,x)\rbrack\supset\lbrack z\,\varepsilon\,dvs\,y\rbrack\rbrack,$$

c'est-à-dire : « lorsque x et y sont des entiers supérieurs à zéro, z étant un nombre premier, diviseur du produit $x\times y$; dans ce cas, si z n'est pas un diviseur de x, z est un diviseur de y ».

En revanche, nous ferons appel à quatre prémisses logiques. Trois de ces prémisses seront constituées par des identités propositionnelles (XLIX, p. 29) qui, après avoir désigné par p, q et r des propositions indéterminées pourront s'écrire (L, p. 32) comme il suit :

$$(L_1) \qquad\qquad \vdash\lbrack p.q.r\rbrack\supset\lbrack p.p.q.r\rbrack,$$
$$(L_2) \qquad\qquad \vdash\lbrack\lbrack\sim p\rbrack\supset p\rbrack\supset p,$$
$$(L_3) \qquad\qquad \vdash p\supset\lbrack q\supset\lbrack p.q\rbrack\rbrack.$$

On s'assurera que chacune des trois expressions précédentes représente bien une identité propositionnelle, en vérifiant, au moyen des définitions du n° 7 (p. 7 et suiv.), que, dans chacun des huit cas qui peuvent se présenter quant aux valeurs logiques simultanées des propositions p, q et r, chacune des trois expressions considérées représente une proposition vraie.

La quatrième prémisse logique sera constituée par une proposition de logique de deuxième espèce (XLIX, p. 29), à savoir :

(L_4) ... La proposition XLVI (p. 28).

Pour démontrer le théorème (T) nous établirons d'abord le lemme suivant :

Lemme. — Ayant adopté pour seules prémisses le système de propositions obtenu, en adjoignant aux propositions

$$(1) \qquad\qquad (M), \quad (L_1), \quad (L_2),$$

à titre de postulat conventionnel portant sur les symboles a et b, la proposition

$$(2) \qquad \vdash[(a\,\varepsilon\,N).(b\,\varepsilon\,N\,pr).(b\,\varepsilon\,dvs(a\times a))],$$

(proposition qui, en langage usuel, peut s'énoncer ainsi : « a est un entier supérieur à zéro et b est un nombre premier, diviseur du produit $a\times a$ ») on a le théorème suivant :

$$(\mathfrak{T}') \qquad\qquad b\,\varepsilon\,dvs\,a.$$

Démonstration du lemme précédent. — Pour abréger l'écriture posons

$$(3) \quad \begin{cases} A = (a\,\varepsilon\,N).(b\,\varepsilon\,N\,pr).(b\,\varepsilon\,dvs(a\times a)), \\ B = (a\,\varepsilon\,N).(a\,\varepsilon\,N).(b\,\varepsilon\,N\,pr).(b\,\varepsilon\,dvs(a\times a)), \\ C = b\,\varepsilon\,dvs\,a. \end{cases}$$

Le postulat conventionnel (2) pourra maintenant s'écrire brièvement ainsi :

$$(4) \qquad\qquad \vdash A.$$

Substituons, dans la fonction logique que précède, dans l'énoncé de la prémisse (M), le système de symboles $\vdash(x, y, z)$, à chacune des variables x et y, la lettre a et à la variable z la lettre b. Nous obtiendrons une implication (XXX, p. 20) qui, dans les notations abrégées définies par les formules (3), s'écrira comme il suit :

$$(5) \qquad\qquad \vdash \{B \supset [[\sim C] \supset C]\}.$$

Dans (L_1) substituons à p, q et r respectivement les propositions

$$a\,\varepsilon\,N, \quad b\,\varepsilon\,N\,pr \quad \text{et} \quad b\,\varepsilon\,dvs(a\times a),$$

nous obtiendrons une implication (L, p. 32) qui, dans les notations (3), s'écrira ainsi

$$(6) \qquad\qquad \vdash |A \supset B|.$$

En vertu de (4) et de (6) (XXXI, p. 20), nous avons

$$\vdash B,$$

ce qui, à cause de (5) (XXXI, p. 20), nous donne

$$(7) \qquad\qquad \vdash |[\sim C] \supset C|.$$

Substituons, dans (L_2), la proposition C à p.

Nous obtiendrons de la sorte (L, p. 32) une implication qui, à cause de (7) (XXXI, p. 20), nous donnera.

$$\vdash C.$$

Mais, en se reportant aux formules (3), on reconnaît que C représente la proposition

$$b \,\varepsilon\, dvs\, a\,;$$

nous avons donc

$$\vdash (b \,\varepsilon\, dvs\, a)$$

et notre lemme est démontré.

En passant à la démonstration du théorème $(\mathfrak{T})$ lui-même, désignons, pour abréger l'écriture, par

$$(8) \qquad\qquad p_1, \quad p_2 \quad \text{et} \quad p_3$$

respectivement, les propositions précédées par le signe de vérité (XXIX, p. 18) dans les prémisses (M), (L_1) et (L_2). Ces prémisses pourront alors s'écrire ainsi :

$$(9) \qquad\qquad \vdash p_1,$$
$$(10) \qquad\qquad \vdash p_2,$$
$$(11) \qquad\qquad \vdash p_3.$$

Substituons maintenant, dans la prémisse (L_1), aux symboles

$$S, \quad x, \quad y, \quad \ldots, \quad \varphi(x, y, \ldots), \quad \psi(x, y, \ldots), \quad a, \quad b, \quad \ldots,$$

respectivement l'ensemble des propositions (8), le système des lettres x, z, la fonction logique

$$(x \,\varepsilon\, N).(z \,\varepsilon\, N\,pr).(z \,\varepsilon\, dvs(x \times x)),$$

la fonction logique

$$z \varepsilon\, dvs\, x$$

et le système de lettres a, b. A la suite de ces substitutions, les symboles $\varphi(a, b, \ldots)$, $\psi(a, b, \ldots)$ S', p et T devront être remplacés respectivement par la proposition A définie par la première des formules (3), par la proposition C définie par la troisième de ces formules, par le système de propositions S'_0 obtenu par l'adjonction de la proposition A à l'ensemble (8), par le produit logique (IX, p. 8) $p_1 \cdot p_2 \cdot p_3$ et par la proposition T_0 qui constitue le théorème ($\mathfrak{C}$) qu'il s'agit de démontrer. Nous avons donc (XXX, p. 20)

$$(12) \qquad \vdash \big\{ \Phi(S'_0, C) \supset [[p_1 \cdot p_1 \cdot p_3] \supset T_0] \big\}.$$

Mais (XLIII, p. 26) l'expresion $\Phi(S'_0, C)$ représente précisément l'énoncé du lemme démontré plus haut . Nous avons donc

$$\vdash \Phi(S'_0, C),$$

donc (XXXI, p. 20), à cause de (12), nous avons

$$(13) \qquad \vdash [[p_1 \cdot p_2 \cdot p_3] \supset T_0].$$

Substituons dans (L_3) à p et q respectivement les propositions p_1 et p_2. Il viendra (L, p. 32),

$$\vdash \big\{ p_1 \supset [p_2 \supset [p_1 \cdot p_2]] \big\};$$

d'où (XXXI, p. 20) en vertu de (9),

$$\vdash [p_2 \supset [p_1 \cdot p_2]],$$

ce qui (XXXI, p. 20), à cause de (10), nous donne

$$(14) \qquad \vdash [p_1 \cdot p_2].$$

En remplaçant dans le raisonnement précédent p_1, p_2 (9) et (10) respectivement par p_1, p_2, p_3, (14) et (11), nous trouverons

$$\vdash [p_1 \cdot p_2 \cdot p_3].$$

En s'appuyant sur ce résultat ainsi que sur (13), nous trouverons (XXXI, p. 20),

$$\vdash T_0,$$

et le théorème ($\mathfrak{C}$) qu'il fallait démontrer est établi, puisque T_0 est la proposition qui constitue ce théorème.

20. Théories régulièrement développées par rapport à certains termes. — Il serait particulièrement utile de développer *régulièrement* (XXXVI, p. 21) celles des théories mathématiques où, comme dans les diverses géométries ainsi que dans certaines théories modernes de la physique, on est conduit à employer certains termes T dans un sens plus ou moins voisin, mais pourtant différent de leur sens usuel car, en tolérant, dans ces théories, la substitution de jugements intuitifs à des chaînons logiques réguliers, on risque de commettre des erreurs dérivant de la confusion du sens qu'ont ces termes dans les théories considérées avec leur sens usuel. Pour se convaincre de ce danger, il suffit de prendre connaissance de certains travaux consacrés à la théorie de la relativité. Malheureusement, à cause de la longueur des démonstrations complètes, même quand on fait usage des simplifications que permet de réaliser la règle L (p. 32), on est ordinairement obligé de renoncer à développer régulièrement les théories que l'on veut élaborer. On peut cependant, sans développer régulièrement une théorie, éviter en grande partie le danger signalé plus haut en procédant comme il suit :

On commencera par établir la liste des termes T pouvant donner lieu à des méprises, et l'on développera ensuite la théorie en ne s'interdisant d'une façon absolue de substituer des jugements intuitifs à des chaînons logiques réguliers que dans les cas où, pour porter ces jugements, on serait obligé de tenir compte du sens de quelque terme T.

LI. *Définition* — Nous dirons qu'une théorie développée de la façon susdite est une théorie *régulièrement* développée *par rapport aux termes* T.

Un exemple particulièrement simple de théorie régulièrement développée par rapport à certains termes, est constitué par le Mémoire de M. Zaremba [20] sur la théorie de la relativité. Parmi les nombreux autres exemples de théories régulièrement développées par rapport à des termes déterminés qu'offre la science moderne, citons, comme particulièrement intéressants l'Ouvrage de M. Hilbert (11) sur les fondements de la géométrie ainsi que quelques travaux de M. Pieri [19, *a*, *b*, *c* et *d*].

IV. — Aperçu général sur l'ensemble de la logique déductive.

21. Éléments constitutifs de la logique déductive. — Les problèmes fondamentaux de la logique déductive, considérée comme théorie de la démonstration, sont évidemment les suivants :

1º Établir la notion de démonstration déductive correcte, notion qui se confond avec celle de démonstration *complète* (XXXV, p. 21).

2º Coordonner, au moyen d'une théorie déductive, les propositions de logique (XXXVIII, p. 23), problème général qui comprend les deux suivants :

a. Développer la théorie des identités propositionnelles (XLIX, p. 29), théorie que MM. Whitehead et Russell dénomment (improprement à notre avis) « théorie de la déduction ».

b. Développer la théorie des propositions de logique de deuxième espèce (XLIX, p. 29).

Par la nature des choses, la logique déductive étudie encore les problèmes suivants :

3º Reconnaître si les propositions appartenant à un système donné S sont compatibles, autrement dit, s'assurer si certaines des propositions du système S n'impliquent pas la négation de quelque autre proposition du système considéré. Ce problème a une grande importance puisque la compatibilité des prémisses d'une théorie en constitue une condition de validité.

4º Reconnaître si les propositions appartenant à un système donné sont indépendantes, c'est-à-dire si aucune de ces propositions n'est une conséquence nécessaire des autres propositions du système considéré. Ce problème est beaucoup moins important que le précédent puisque l'indépendance des prémisses d'une théorie n'en est qu'une condition d'élégance.

5º S'assurer si les termes primitifs d'une théorie sont irréductibles par rapport aux prémisses, c'est-à-dire reconnaître si les prémisses n'impliquent pas quelque proposition ayant la forme d'une définition de l'un des termes primitifs au moyen des autres termes primitifs. Ce problème n'a qu'une importance secondaire, comme le précédent, puisqu'il s'agit, dans ce problème, d'une condition qui est, non pas une condition de validité de la théorie correspondante, mais seulement une condition d'élégance de cette théorie.

A cause de l'extrême longueur des démonstrations complètes, il convient d'ajouter à la liste précédente des problèmes dont la logique doit s'occuper le suivant :

6° Élaborer des méthodes d'abréviation permettant de présenter les démonstrations complètes sous une forme abrégée, assez concise, pour que l'on puisse s'en servir dans la pratique et pourtant assez claire pour que, sans hésitation, on puisse au besoin, rétablir tous les détails de la démonstration complète.

Divers auteurs et en particulier MM. Whitehead et Russell [5, vol. I] incorporent encore à la logique des mathématiques la *théorie des classes* (à laquelle se rattache intimement la théorie dénommée *algèbre de la logique*) ainsi que la *théorie des relations*.

Dans les prochains numéros nous nous efforcerons de compléter ce que nous avons dit dans les Chapitres précédents (où nous ne nous étions proposés que d'élucider la notion de démonstration déductive et de mettre en évidence les questions fondamentales qui s'y rattachent) de façon à permettre au lecteur de se renseigner, à l'aide des indications bibliographiques que nous allons donner, d'une manière à peu près complète sur l'évolution de la logique déductive, sur l'état actuel de cette science et sur les problèmes qui, dans cette science, attendent encore une solution. Toutefois, nous laisserons de côté le sixième des problèmes énumérés plus haut car rien n'a encore été publié à ce sujet (¹).

Les principaux traités sur l'ensemble de la logistique, parus jusqu'à présent, sont les suivants :

1° Les deux éditions de la *Logica mathematica* de M. Burali-Forti [21]; la première édition de cet Ouvrage, moins étendue que la seconde, se prête particulièrement bien à renseigner le lecteur sur l'école de logistique italienne, fondée par M. Peano.

2° Le grand Ouvrage de Schröder [14], précieux au point de vue

---

(¹) A la vérité, M. Sleszynski m'a communiqué quelques résultats intéressants qu'il a obtenus dans cet ordre d'idées mais, faute de place, j'ai dû renoncer à les exposer ici.

des recherches historiques à cause de la bibliographie très détaillée qu'il contient.

3° Le résumé de l'Ouvrage précédent par M. Müller [16].

4° Le traité monumental de MM. Whithead et Russell [5], à consulter par quiconque voudrait entreprendre des recherches personnelles sur la logique des mathématiques.

5° Les belles Leçons de M. Sleszynski [26] en voie de publication en langue polonaise et dont le premier volume vient de paraître.

Ajoutons que M. Hilbert [15], en reprenant les idées qu'il avait esquissées antérieurement à diverses occasions, s'efforce de construire, sur des bases nouvelles, à la fois la logique des mathématiques et l'arithmétique, mais ce travail nous semble difficile à bien comprendre.

22. Théorie des identités propositionnelles. — Le problème fondamental de cette théorie est évidemment (XLIX, p. 29] le suivant :

LII. PROBLÈME. — *Reconnaître si une proposition donnée p, vérifiant la première des deux conditions énoncées dans la définition* (XLIX, p, 29) *satisfait aussi à la seconde.*

Au Chapitre précédent, nous avons résolu ce problème dans plusieurs cas particuliers, en appliquant implicitement une règle, en réalité tout à fait générale, due, semble-t-il, à Schröder [16, Teil 1, § 72, p. 48] et dont voici l'énoncé :

LIII. *Règle.* — Pour reconnaître si une expression donnée

$$F(p_1, \ldots, p_n),$$

portant sur $n(n \geqq 1)$ propositions indéterminées $p_1, \ldots, p_n$ et représentant une combinaison de ces propositions à l'aide des opérations définies au n° 7 (p. 7 et suiv.) représente bien une identité propositionnelle, on envisagera successivement chacun des 2^n cas possibles quant aux valeurs logiques (IV, p. 7) que peuvent avoir à la fois les propositions $p_1, \ldots, p_n$ et, en s'appuyant sur les définitions du n° 7 (p. 7 et suiv.), on déterminera, dans chacun de ces cas, la valeur logique (IV, p. 7) de la proposition que représente l'expression $F(p_1, \ldots, p_n)$, opération qui ne donnera jamais lieu à aucune difficulté ; s'il arrive que l'expression $F(p_1, \ldots, p_n)$ représente une proposition vraie dans chacun des 2^n cas, elle constitue une identité propositionnelle ; si, au contraire, dans l'un au moins de ces cas, elle représente une proposition fausse, elle ne constitue pas une identité propositionnelle.

Toutefois, la règle précédente ne peut pas être regardée comme une solution tout à fait satisfaisante du problème LII parce que, si après avoir constaté au moyen de cette règle, que l'expression

$$F(p_1, \ldots, p_n),$$

représente une identité propositionnelle, on cherchait à transformer les considérations qui ont servi à obtenir ce résultat en une démonstration complète (XXXV, p. 21), on éprouverait des difficultés à dégager les prémisses sur lesquelles on pourrait la baser. On a donc cherché à constituer la théorie des identités propositionnelles indépendamment de la règle LIII (p. 40) et l'on y est arrivé en adoptant pour prémisses un petit nombre de propositions exprimant chacune qu'une certaine expression représente une identité propositionnelle. Différents auteurs ont développé de cette façon la théorie des identités propositionnelles. L'exposition la plus complète de cette théorie se trouve, sous le nom de « théorie de la déduction », dans l'Ouvrage de MM. Whitehead et Russell [3]. Une exposition plus complète encore de la théorie en question paraîtra prochainement dans le second volume des Leçons de M. Sleszynski [26].

Il convient de faire remarquer que, dans tous les travaux relatifs à la théorie des identités propositionnelles, parus jusqu'à présent, on a laissé sans réponse la question suivante : Le système d'identités propositionnelles constituant l'ensemble des prémisses de la théorie forme-t-il un système *complet* de prémisses de cette théorie en ce sens qu'il permet de résoudre le problème LII (p. 40) dans *tous les cas* ? Cette lacune a été comblée par M. Sleszynski dans un travail non encore publié que, faute de place, je ne puis exposer ici.

Observons en terminant que, pour le mathématicien, l'intérêt de la théorie des identités propositionnelles est de nature essentiellement théorique parce que la règle LIII (p. 40) suffit pour le mettre à l'abri des erreurs qui consisteraient à prendre pour des identités propositionnelles des expressions qui n'en seraient pas.

23. Proposition de logique de deuxième espèce. — Ce sont
MM. Whitehead et Russell [5, vol. I, p. 132-195] qui, les premiers,
ont essayé de développer d'une façon systématique et aussi complète
que cela est nécessaire en vue des mathématiques, la théorie des propositions de logique de deuxième espèce (XLIX, p. 29). Cette
partie de leur œuvre contient, comme toutes les autres, des matériaux
précieux pour les recherches futures, mais nous osons croire qu'elle
n'atteint pas son but : exception faite de la théorie des identités propositionnelles, appelée par les auteurs « théorie de la déduction »,
toutes les autres théories développées dans les *Principia Mathematica,* y compris celle qui nous occupe en ce moment, reposent
essentiellement sur ce que MM. Whitehead et Russell appellent
« théorie des types logiques », théorie qui, pour des raisons que nous
allons expliquer, nous semble insoutenable. MM. Whitehead et
Russell, faute d'avoir remarqué que les « paradoxes » de la théorie
des ensembles dérivent, comme nous l'avons montré au n° 9, de la
confusion de la notion de *classe* avec la notion plus générale de *catégorie*, ont cherché à purger la Science de ces « paradoxes » au moyen
de la « théorie des types logiques ». Voici en quoi elle consiste : on
divise les choses que l'on a à considérer dans une théorie donnée,
en choses appartenant à des types de différents ordres, en convenant
en particulier de considérer toute chose qui impliquerait la notion
de la totalité des choses du type d'ordre n comme une chose du type
d'ordre $n+1$; les choses du type de l'ordre le moins élevé s'appellent *individus*. Cela posé, on interdit, au nom de ce que les
auteurs appellent « principe du cercle vicieux » [5, vol. I, p. 39 et 40]
d'effectuer certaines opérations comme, en particulier, celle de former
une classe dont les éléments n'appartiendraient pas tous à *un même*
« type ». Les interdictions dont nous venons de parler ont un caractère de prescriptions arbitraires et les distingués auteurs des *Principia Mathematica* s'en rendent très bien compte eux-mêmes ([1]).
On ne peut donc pas dire que la « théorie des types logiques » résolve
les paradoxes dont elle prétend purger la Science car résoudre un
paradoxe, c'est indiquer l'erreur dont il dérive et non pas interdire

---

([1]) Voici en effet [5, vol. I, p. 62 à partir de la huitième ligne à partir du bas de
la page] comment ils s'expriment : « It is possible that the use of the vicious cercle
principle, as embodied in the above hierarchy of types, is more drastic then it need
be, and that by a less drastic use the necessity of the axiome might be avoided ».

arbitrairement dans *tous les cas*, des opérations qui, en elles-mêmes, ne sont nullement absurdes.

Ajoutons que la théorie des « types » entraîne à la fois de nombreuses obscurités et une extrême complication de la logique.

La théorie des « types logiques » étant insoutenable, rien de ce qui l'implique ne peut être considéré comme définitivement acquis à la Science.

Nous arrivons donc à la conclusion que l'on ne possède pas encore une théorie satisfaisante des propositions de logique de deuxième espèce.

24. Compatibilité et indépendance des propositions formant un système donné; irréductibilité des termes primitifs par rapport aux postulats. — Dans la pratique, la question de la compatibilité et celle de l'indépendance des propositions appartenant à un système donné S, ne se présente qu'au cas où ces propositions contiennent un certain nombre d'éléments x_1, ..., x_n, indéterminés dans une mesure nettement définie, et ont le caractère de postulats conventionnels (p. 4) portant sur les éléments x_1, ..., x_n. On ne connaît actuellement aucune méthode régulière pour résoudre, dans *tous* les cas, les questions précédentes; mais, dans bien des cas, on arrive au but en utilisant les remarques suivantes :

1° Si l'on réussit à disposer des indéterminées x_1, ..., x_n, sans franchir les limites prescrites, de telle sorte que chacune des propositions du système S vienne se confondre avec une proposition que l'on sait être vraie, on prouve, par cela même, la compatibilité des propositions considérées.

2° Si, en s'appuyant sur n'importe quelles propositions *sûrement vraies* (comme c'est le cas des propositions de logique), on démontre, en laissant aux éléments x_1, ..., x_n *toute leur indétermination*, que certaines des propositions S entraînent la négation de quelque proposition du système considéré, on établit de la sorte l'incompatibilité des propositions formant le système S.

3° Si, sans franchir les limites d'indétermination données des éléments x_1, ..., x_n, on réussit à faire correspondre, à chaque proposition p du système S, une interprétation telle des éléments x_1, ... x_n que la proposition p vienne se confondre avec une proposition que l'on sait être fausse et que, en même temps, chacune des autres propositions du système S vienne coïncider avec quelque proposition sûrement vraie, on démontre, par cela même, l'indépendance des propositions du système S.

4° Si, en s'appuyant sur n'importe quelles propositions que l'on sait être vraies, on réussit à prouver. en laissant aux éléments $x_1, \ldots, x_n$ *toute leur indétermination*, que certaines propositions du système S entraînent quelque autre proposition appartenant à ce système, on démontre par là que les propositions S ne sont pas indépendantes.

Parmi les nombreux exemples d'application des remarques précédentes, citons un article de M. Peano relatif à la théorie des nombres entiers [18, t. II, n° 3, p. 29 et 30], deux Mémoires de M. Dickson [22, vol. 4, *a* et *b*] ainsi que quelques travaux de M. Huntington [22, vol. 4, *c*, *d*, *e*; 22, vol. 5 et 23].

Pour ce qui concerne l'irréductibilité des termes primitifs d'une théorie par rapport aux postulats, on pourra consulter soit l'article de M. Padoa, *Théorie des nombres entiers absolus* [4, t. VIII, p. 45-54], soit l'Ouvrage de Couturat [12, p. 54-57].

Observons en terminant que la question de l'indépendance des prémisses d'une théorie se présente quelquefois sous une forme autre que ne l'impliquent les considérations que nous venons d'exposer; il peut arriver que les prémisses d'une théorie soient réparties en groupes formant une suite

$$S_1, \; S_2, \; \ldots, \; S_{n_1}$$

telle que, l'exactitude des propositions appartenant aux groupes qui précèdent un groupe $S_i (1 < i \leqq n)$ soit une condition qui doit être remplie pour que les énoncés appartenant au groupe S_i aient un sens; c'est ce qui arrive par exemple pour l'ensemble des prémisses sur lesquelles M. Hilbert [11] fonde la géométrie. Dans ce cas, on doit évidemment appliquer les procédés que nous avons indiqués plus haut pour vérifier la compatibilité et l'indépendance d'un système donné de propositions, non pas à tout l'ensemble des prémisses de la théorie, mais successivement à chacun des systèmes S_i, en ayant soin de supposer, lorsque $i > 1$, que les propositions des groupes qui précèdent celui que l'on considère sont vérifiées.

25. Théorie des classes; algèbre de la logique. — La théorie dénommée ordinairement « théorie des classes » devrait plutôt s'appeler *théorie élémentaire* des classes parce qu'elle n'embrasse que la partie la plus simple de la théorie des classes, à savoir celle qui ne fait intervenir à titre de notions fondamentales, que la notion d'appartenance d'un élément à une classe (XIII, p. 12), celle de l'égalité de deux classes (XV, p. 13), ainsi que trois autres notions dont voici les définitions :

LIV. *Définition.* — L'assertion qu'une classe α est *inclue* dans une classe β, assertion que, d'après MM. Whithead et Russell [5, vol. I, p. 217], on symbolise au moyen de la formule

$$\alpha \subset \beta,$$

exprime que tout élément appartenant à la classe α appartient aussi à la classe β (¹).

LV. *Définition.* — On entend par *somme* de deux classes α et β la classe constituée par l'ensemble de tous les éléments dont chacun appartient à l'une au moins des classes α et β; on représente la somme des classes α et β par l'expression

$$\alpha + \beta.$$

LVI. *Définition.* — On entend par *produit* de deux classes α et β l'ensemble de tous les éléments communs à ces deux classes; on représente le produit des classes α et β par l'expression

$$\alpha . \beta.$$

Nous rendrons peut-être service au lecteur en expliquant ici plus clairement qu'on ne le fait ordinairement dans les travaux consacrés à la logistique, pourquoi, comme l'a remarqué le premier M. Peano, on ne doit pas confondre la classe qui admet une chose a pour élément unique avec cette chose elle-même, bien que, au premier abord, cette distinction paraisse choquer le bon sens. Convenons, pour un moment, de regarder le mot « triangle » comme synonyme de l'expres-

---

(¹) M. Peano [18, t. II, n° 3, p. 8] adopte le symbole $\alpha \supset \beta$ au lieu de $\alpha \subset \beta$, mais cela peut donner lieu à la confusion de la relation d'inclusion entre deux classes avec celle d'implication entre deux propositions.

sion « ensemble de trois points distincts ». Cela posé, désignons
par τ la classe des triangles, par t_0 un triangle particulier, constitué
par certains trois points A, B et C et enfin par τ_0 la classe, admettant
pour élément unique le triangle t_0. D'une part (LIV, p. 45) nous
aurons

$$(1) \qquad\qquad \tau_0 \subset \tau,$$

et d'autre part (XIII, p. 2),

$$(2) \qquad\qquad A \varepsilon t_0.$$

Si les expressions « classe admettant pour élément unique une
chose P » et « la chose P » étaient synonymes, les symboles t_0 et τ_0
représenteraient une même chose et, dès lors, ayant la relation (1),
on aurait aussi la suivante :

$$(3) \qquad\qquad t_0 \subset \tau.$$

Or, de l'ensemble des relations (2) et (3) résulterait la proposition

$$A \varepsilon \tau,$$

évidemment fausse puisque A représente un point et nullement un
triangle.

Sans insister davantage sur la théorie des classes (qui en réalité ne
rentre pas dans le domaine de la théorie générale de la démonstration) ainsi que sur la façon dont on peut faire dériver de la théorie
des classes, le calcul appelé *algèbre de la logique*, sujets sur
lesquels on trouvera des renseignements généraux satisfaisants dans
le petit Ouvrage de Couturat [13], notons seulement qu'il existe des
relations remarquables entre la théorie des classes et celle des
propositions, relations que l'Ouvrage que nous venons de citer fait
connaître et qui expliquent pourquoi l'inventeur de l'algèbre de la
logique, Boole [2], ainsi que le principal continuateur, Schröder
[14], de l'œuvre de Boole, identifient presque l'algèbre de la logique
avec la logique déductive elle-même.

Le lecteur qui voudrait approfondir la théorie des classes pourra
s'adresser aux *Principia Mathematica* [5, vol. I]. Ajoutons que,
dans l'Ouvrage de M. Whitehead [24, p. 115], on trouvera une
notice historique sur l'algèbre de la logique.

26. Théorie des relations. — La théorie des relations n'est autre chose [5, vol. I, 2ᵉ édition, p. 200] que l'étude des fonctions logiques (XXIV, p. 16) de deux variables à un point de vue particulier.

La théorie en question ne rentre nullement dans le domaine de la théorie générale de la démonstration et doit être considérée comme faisant partie d'une introduction générale aux sciences mathématiques.

Pour se former une idée générale de la théorie des relations, on pourra consulter l'esquisse due à Couturat [12, p. 27 et suiv.]. Cette théorie, fondée par Pierce et développée par Schröder [14, vol. III, 1ʳᵉ partie], a été reprise, sur des bases nouvelles, par MM. Whitehead et Russell [5, vol. I].

27. Logique traditionnelle et logistique. — La logique, telle que nous l'a léguée l'antiquité et telle qu'elle est restée sans aucun changement essentiel jusque vers le milieu du siècle dernier (ce qui justifie le nom de *logique traditionnelle* que nous lui donnons), contient avant tout la théorie du syllogisme avec celle des relations qui subsistent entre les quatre types de propositions, considérés dans la théorie du syllogisme. En se reportant par exemple à l'exposition de ces théories dues à Couturat [1, *a*, p. 443 et suiv.], on reconnaîtra qu'elles rentrent dans ce que nous avons appelé au n° 25 *théorie élémentaire des classes;* elles ne font donc pas partie de la théorie générale de la démonstration déductive.

Notons en passant que quelques logiciens modernes [25, p. 79] accusent à tort la théorie aristotélienne du syllogisme de contenir des erreurs : les anciens ne possédaient pas la notion de classe nulle, de sorte que la théorie classique du syllogisme repose essentiellement sur l'hypothèse qu'aucune des classes considérées n'est nulle; si l'on abandonne cette hypothèse, on est obligé de modifier la théorie, mais cela ne prouve évidemment pas que les anciens se soient trompés.

En dehors des théories dont nous venons de parler et que l'on doit au génie d'Aristote, la logique traditionnelle contient [7, vol. I, p. 473 et suiv.], la règle de formation de chaînons logiques par le *modus ponens* (XXXI, p. 20) ainsi qu'un certain nombre de propositions de logique isolées.

En définitive, on ne trouve dans la logique traditionnelle qu'un embryon de la théorie de la démonstration telle que l'offre la logistique.

28. Conclusion. — On estimera, nous osons l'espérer, que l'ensemble de ce qui a été exposé dans les pages précédentes confirme pleinement ce que nous avons annoncé dans l'Introduction, à savoir que la logique mathématique, sans avoir pu encore atteindre son développement complet, a obtenu cependant un certain nombre de résultats acquis définitivement à la Science; en particulier, elle a complètement élucidé la notion de démonstration déductive et, par l'élaboration de la théorie des identités propositionnelles (n° 22, p. 40 et suiv.), elle a réalisé la condition la plus essentielle d'entre celles qui doivent être remplies pour qu'il devienne possible de développer *régulièrement* (XXXVI, p. 21) les théories mathématiques.

Toutefois, la logique mathématique ne pourra être considérée comme constituée complètement que lorsqu'elle aura résolu d'une façon satisfaisante deux problèmes très différents et dont voici les énoncés:

A. Élaborer la théorie des propositions de logique de deuxième espèce (XLIX, p. 29).

B. Élaborer des méthodes d'abréviation permettant de présenter des résumés de démonstrations complètes, assez succincts pour pouvoir être utilisés systématiquement par les mathématiciens, et cependant assez clairs pour permettre de rétablir, au besoin, *sans hésitations*, tous les détails de la démonstration complète.

Nous estimons, avec M. Sleszynski, que pour combler ces lacunes, sans risquer de s'égarer dans des spéculations stériles et compliquées, il faudrait, avant tout, s'astreindre à développer *régulièrement* (XXXVI, p. 21) quelques-unes des théories mathématiques les plus élémentaires.

INDEX BIBLIOGRAPHIQUE.

1. Couturat (Louis). — *a.* La logique de Leibniz, d'après des documents inédits (Paris, 1901, chez Alcan).

    b. Opuscules et fragments inédits de Leibniz (Paris, 1903, chez Alcan).

2. Boole. — *a.* The mathematical analysis of logic (1847).

    b. The calculus of logic (1848).

    c. An investigation in the laws of thought (1854).

3. Mill (John Stuart). — Système de logique (en deux volumes), traduction française (Paris, 1880, chez Germer, Baillière et Cie).

4. *Rivista di Matematica* (*Revue de Mathématiques*), publiée par G. Peano (8 volumes parus dans la période de 1891 à 1906 à Turin, chez les frères Bocca).

5. Whitehead (A. N.) et Russell (B.). — Principia Mathematica [Cambridge, University Press; vol. I (^{1}), 1910; vol. II, 1912 et vol. III, 1913].

6. Frege (Dr G.). — Grundgesetze der Arithmetik (Iéna, vol. I, 1893 et vol. II, 1903).

7. Prantl (Dr Carl). — Geschichte der Logik (en 4 volumes; Leipzig, 1855, 1861, 1867 et 1870, chez Hirzels).

8. Poincaré (H.). — Science et méthode (Paris, 1909, chez Ernest Flammarion).

9. Poincaré (H.). — Les mathématiques et la logique (*Revue de Métaphysique et de Morale*, mai 1906).

10. Borel (Émile). — Leçons sur la théorie des fonctions (Paris, 1898, chez Gauthier-Villars).

11. Hilbert (D.). — Grundlagen der Geometrie (Leipzig, 1913, chez Teubner).

12. Couturat (Louis). — Les principes des mathématiques (Paris, 1905, chez Félix Alcan).

13. Couturat (Louis). — L'algèbre de la logique (Paris, 1905, chez Gauthier-Villars, collection *Scientia*).

14. Schröder (Dr Ernst). — Vorlesungen über die Algebra der Logik (Exakte Logik), chez Teubner, à Leipzig (vol. I, 1890; vol. II, 1re Partie, 1891; 2e Partie, 1905; vol. III, 1re Partie, 1895).

15. Hilbert (D.). — Neubegründung der Mathematik, erste Mitteilung (Abhandlungen aus dem Mathematischen Seminar der Hamburger Universitat, 1922).

16. Schröder (Dr Ernst). — Abriss der Algebra der Logik, bearbeitet von Dr Eugen Müller (Leipzig und Berlin, Teubner; Teil I, 1909; Teil II, 1910).

17. Bolzano (Dr B.). — Wissenschaftslehre, 4 vol. (Salzbach, 1837).

18. Formulaire de Mathématiques publié par la *Revue de Mathématiques*, chez Bocca frères, à Turin (vol. I, 1895; vol. II, 1899).

19. Pieri (Mario). — *a*. Della geometria elementare come sistema ipotetico dedutivo (*Mem. R. Acc. di Torino*, 2^a Serie, t. XLIX, 1899).

    b. La geometria elementare istituïta sulle nozioni di punto e sfera (*Mem. della Società italiana delle Scienze*, 3^a serie, t. XV, 1908).

    c. Un sistema di postulati per la geometria projettiva astratta degli iperspazi (*Rivista di Matematica*, 1896).

(^{1}) La deuxième édition du volume I des *Principia Mathematica* vient de paraître; c'est une réimpression de la première munie d'une Introduction nouvelle et de trois Appendices, où l'on trouvera entre autres une nouvelle manière de fonder la théorie des identités propositionnelles.

d. Sugli enti primitivi della geometria projettiva astratta (*Acc. R. delle Scienze di Torino*, 1897).

20. ZAREMBA (S.). — La théorie de la relativité et les faits observés (*Journal de Mathématiques pures et appliquées*, 1922, fasc. 2).

21. BURALI-FORTI (C.). — Logica Matematica (Milano, chez Ulrico Hoepli; 1re édition, 1894; 2e édition, 1919).

22. *Transactions of the american Mathematical Society*, vol. IV, 1903 :

a. DICKSON. — Definition of a field by independant postulates (p. 13-20).

b. DICKSON. — Definition of a linear associative algebra by independant postulates (p. 21-27).

c. HUNTINGTON. — Two definitions of an abelian group by sets of independant postulates (p. 27-30).

d. HUNTINGTON. — Definitions of a field by sets of independent postulates (p. 31-37).

e. Complete set of postulates for the theory of real quantities (p. 358-370) *Ibid.*, vol. V, 1904.

HUNTINGTON. — Sets of independant postulates for algebra of logic (p. 228-309).

23. HUNTINGTON. — A set of postulates for abstract geometry expressed in terms of the simple relation of inclusion (*Proceedings of the fifth international Congress of Mathematicians*, vol. II, 1912, p. 466).

24. WHITEHEAD (A. N.). — A Treatise on universal Algebra with applications, vol. I (Cambridge, 1898).

25. PADOA (A.). — La logique déductive dans sa dernière phase de développement (Paris, 1912, chez Gauthier-Villars).

26. SLESZYNSKI (J.). — Théorie de la démonstration, vol. I; leçons professées à l'Université de Cracovie, rédigées en langue polonaise par S. C. Zaremba et publiées par le Cercle physico-mathématique des élèves de l'Université.

TABLE DES MATIÈRES.

IV. — *Aperçu général sur l'ensemble de la logique déductive*

www.ingramcontent.com/pod-product-compliance
Ingram Content Group UK Ltd.
Pitfield, Milton Keynes, MK11 3LW, UK
UKHW020020080726
13614UKWH00003B/1473